MARGARETH
DALCOLMO

UM TEMPO PARA NÃO ESQUECER

MARGARETH
DALCOLMO

UM TEMPO PARA NÃO ESQUECER

A visão da ciência no enfrentamento da pandemia do coronavírus e o futuro da saúde

Este livro foi revisado segundo o Acordo Ortográfico da Língua Portuguesa de 1990, em vigor no Brasil desde 2009.

EDIÇÃO
Ana Cecilia Impellizieri Martins

ASSISTENTE EDITORIAL
Clarice Goulart

COPIDESQUE
Meira Santana

REVISÃO
Claudia Ferraz

PROJETO GRÁFICO E CAPA
Victor Burton

DIAGRAMAÇÃO
Miriam Lerner | Equatorium Design

FOTO DE CAPA
Chico Cerchiaro

CIP-BRASIL. CATALOGAÇÃO NA PUBLICAÇÃO
SINDICATO NACIONAL DOS EDITORES DE LIVROS, RJ

D14t

Dalcolmo, Margareth
Um tempo para não esquecer : a visão da ciência no enfrentamento da pandemia e o futuro da saúde / Margareth Dalcolmo. - 1. ed. - Rio de Janeiro : Bazar do Tempo, 2021.

ISBN 978-65-86719-81-9

1. Ciências médicas. 2. COVID-19 (Doenças). 3. COVID-19, Pandemia, 2020. I. Título.

21-74248 CDD: 610 CDU: 61:(616.98:578.834)

Leandra Felix da Cruz Candido - Bibliotecária - CRB-7/6135
03/11/2021 04/11/2021

1ª reimpressão

BAZAR DO TEMPO
PRODUÇÕES E EMPREENDIMENTOS CULTURAIS LTDA.

Rua General Dionísio, 53 – Humaitá
22271-050 – Rio de Janeiro – RJ
contato@bazardotempo.com.br
www.bazardotempo.com.br

Aos que sobreviveram à perda
dos mais de 600 mil brasileiros e
brasileiras mortos pela Covid-19.

E à Maria Isabel, que amou
o crepúsculo, não o da noite,
mas aquele que anuncia o sol.

SUMÁRIO

PREFÁCIO

Palavra e memória

Domício Proença Filho

U*m tempo para não esquecer* é uma coletânea de textos cuja leitura se impõe para a compreensão do impacto da Covid-19 na realidade brasileira.

Margareth Dalcolmo, a doutora Margareth, revelou-se, desde as primeiras configurações da pandemia, uma das vozes pioneiras de alerta diante da ameaça e do desafio que representava a ação devastadora do coronavírus. E juntou-se de imediato, na ação e na palavra, a outros denodados profissionais no combate que se impunha. No âmbito da ação, dedicada à discrição da pesquisa e à clínica; nos espaços da palavra, com os esclarecimentos que se faziam urgentemente necessários e mobilizavam superlativamente os meios de comunicação.

Pouco a pouco, seus pronunciamentos ganharam presença plena na mídia nacional e internacional. Logo o Brasil reconheceu aquela doutora que falava com serenidade, clareza e objetividade, alertando sobre o avanço desafiador do vírus ainda pouco conhecido, em cuja esteira a Ceifadora Inexorável banalizava o número de vidas perdidas e famílias enlutadas.

Paralelamente ao discurso preciso, mas condensado da internet e da televisão, assumiu o texto escrito em espaço semanal no jornal *O Globo*. O presente volume reúne os escritos nele publicados de abril de 2020 a novembro de 2021. A visão conjunta que possibilitam revela, desde o princípio, uma constante: alia-se ao esclarecimento e à informação o exercício da reflexão fundamentada. Para além do mergulho no cerne da pandemia, de sua ação destrutiva e das medidas para combatê-la.

É amplo e árduo o seu navegar nessas águas pouco claras e de sofrido percurso, marcado pela perda, pelo luto e pelo sofrimento. Sintetizo, nestas breves considerações, dimensões do que em seus textos se configura, a título de mobilizar o leitor ou a leitora interessados pelo tema e suas implicações.

Margareth Dalcolmo acompanha, partindo do início, a dinâmica cruel do processo pandêmico no nosso país, como o conjunto dos seus escritos deixa perceber claramente. Situa historicamente a pandemia e o desenvolver desse processo: seus começos, as perplexidades, os percalços – em vários momentos perto do intransponível –, a descoberta e a adoção de soluções. Contextualiza o cenário, em consonância com a sua realidade planetária, em uma perspectiva permanentemente atualizada. Em destaque, os caminhos e descaminhos das estratégias do enfrentamento necessário. Explicita o que é o Sars-CoV-2 e a ameaça que se anunciava avassaladora. Adverte, com a segurança de quem sabe, atenta aos desafios de sua configuração e do imperioso combate.

No núcleo de sua atuação está a defesa da ciência, a luz que lança sobre as sombras nefastas do obscurantismo e do negativismo. No fundamento, a teoria e a prática.

Assim posicionada, defende medidas apoiadas em estudos e pesquisas avalizados por instituições de alta confiabilidade, com a segurança dos que acreditam na visão científica dos fatos. Centraliza a ação no cotidiano brasileiro, indica os graves riscos oriundos dos juízos meramente impressionistas e das ações desprovidas do aval científico, marcadas de regurgitamentos de efeitos preocupantes que persistem ao longo do percurso.

Suas considerações estendem-se da concreção das primeiras e assustadoras manifestações e perplexidades do real imediato da doença à explicitação dos estudos exigidos pela urgência do combate. Atualizada, acompanha os avanços acelerados da busca de superação da ação do inimigo implacável e sorrateiro. Comenta e avalia, a cada passo, a busca de soluções para o enfrentamento da doença. Acentua a relevância de cada descoberta promissora. Celebra o surgimento das vacinas, reitera com insistência a importância de sua adoção e desconstrói o discurso não fundamentado cientificamente.

Sua palavra lúcida e sua ação de pesquisadora associam-se às palavras e ações daqueles que têm assumido a árdua e complexa tarefa de lutar contra o coronavírus. Firme. Segura. Na linha de frente do combate aos negacionistas, mas aberta ao diálogo. Ao fundo, a potência dos argumentos.

Seus textos atestam tomadas de posição fiéis a princípios e concepções. A partir das dúvidas iniciais carregadas de incertezas, passam pela confiança nos saberes dos especialistas e culminam com o júbilo da descoberta das vacinas, de sua aplicação e dos resultados promissores, primeiro momento relativamente relaxante. Estes escritos demonstram ainda sua aliança e seu apoio aos que assumem o empenho na adoção, no Brasil, das medidas recomendadas pelos organismos internacionais e revelam a continuidade do olhar atento aos rumos da pandemia. Reiteram, sistematicamente, a sua certeza quanto ao sucesso da vacinação e criticam com firmeza as medidas inócuas adotadas por órgãos decisórios. Nesse posicionamento, atêm-se aos fatos e às suas consequências.

Com o foco na realidade brasileira, os artigos de Margareth Dalcolmo apontam e comentam duas formas de entendimento no que se refere à pandemia que valem destaque: a primeira, pautada na dicotomia verdadeira entre ciência e política; e a segunda, na dicotomia falsa entre saúde e economia. Fluem em tom coloquial, isentos de jargão profissional, assumindo o discurso em primeira pessoa. Baseiam-se em uma cronologia de fatos do cotidiano da pandemia, tema comum a todos eles, como pontos de partida para a reflexão fundamentada. E com um traço peculiar, quase constante: o reforço avalizador de citações de consagrados mestres do pensamento e da arte literária, de forma significativa.

Tais referências funcionam como iluminadoras do pensar e do sentir humanos e da importância de suas palavras em tempos de incerteza e de busca de caminhos. Ao fundo, o modo de ser brasileiro. Em síntese, a presente coletânea se faz de textos-testemunhos de um momento histórico carregado de medo, angústia, sofrimento agudo, isolamento social, ruptura no cotidiano comunitário e luto, mas que também evidencia um processo de conscientização, resiliência, superação, vontade e solidariedade.

Ao longo do tempo e de maneira singular, as palavras de Margareth Dalcolmo tornaram-se fonte de orientação e poderoso nutriente de esperança diante da rude e trágica realidade dos acontecimentos e do enfrentamento de números apocalípticos. Com o argumento fundamentado na razão e na verdade científica, em meio a instâncias de sombras ameaçadoras.

Seus escritos correspondem ao registro de um momento dramático na história brasileira, inserido na realidade planetária de uma pandemia de facetas inéditas, carregada de tragédias e morte em massa. Mas, vale repetir, sem perda de esperança. Reavivada, felizmente, pelo êxito das vacinas no Brasil e no mundo – ainda que, ressalve-se, sem dimensões totalizantes.

Por tudo isso e muito mais, este é, efetivamente, um livro para não esquecer: um precioso documento-testemunho. Quando, no futuro, próximo ou distante, se desejar ter um retrato dos rumos da pandemia, será de consulta imprescindível, garantidora da memória do percurso e do empenho na superação do coronavírus no Brasil.

Domício Proença Filho *é professor, pesquisador e membro da Academia Brasileira de Letras*

APRESENTAÇÃO

Entre surpresas, errâncias e descobertas, o luto e a travessia da esperança

MARGARETH DALCOLMO

Passados os tradicionais festejos e votos de Ano-Novo, acordamos naquele hoje longínquo 1º de janeiro de 2020 com a notícia de casos de uma nova doença, uma pneumonia incomum e grave, ocorrendo na China, na província de Wuhan. Acompanhava o anúncio a informação do fechamento de um mercado típico chinês, onde é vendida toda sorte de animais exóticos que são comestíveis na cultura local, a partir da detecção de indícios da origem do vírus causador das hospitalizações. Trazíamos na memória surtos e epidemias de gripes como a de H1N1 e as duas coronoviroses anteriores, todas viroses respiratórias de fácil transmissão que se mantiveram, porém, restritas à China e ao Oriente Médio ao longo das últimas duas décadas. Deveria aquele, então, ser um surto similar e as autoridades sanitárias saberiam controlar, como já feito antes.

No dia 4 de janeiro, portanto em menos de uma semana, cientistas chineses já haviam decifrado o genoma do novo agente, um betacoronavírus então denominado Sars-Cov-2, e anunciado aos órgãos competentes para investigação epidemiológica. Assim começavam estes tempos duros que marcam, indelevelmente, as nossas vidas e que, podemos dizer, deram início ao século XXI.

No início do mês de março de 2020, eu participara do grupo médico da Fiocruz que reviu as normas e recomendações do Ministério da Saúde, sob a gestão do ministro Luiz Henrique Mandetta. No dia seguinte, já em São Paulo para a última atividade presencial de nossa Sociedade de Pneumologia, gravei uma despretensiosa e compacta live no portal PneumoImagem com meu colega, o doutor Mauro Gomes, anunciando a súmula das recomendações técnicas recém-adotadas pelo grupo que havia discutido em Brasília como conduzir a epidemia que chegava, doença nova e desconhecida. No fim daquela noite, Mauro avisou-me que o vídeo, veiculado inicialmente pelo Facebook e Instagram, fora visto por milhares de pessoas em poucas horas. Como não entendia de mídias sociais, perguntei-lhe: "Isso é muito ou pouco?"

Impressionei-me com a repercussão em menos de 48 horas, com as sucessivas visualizações em redes, cujo alcance, até aquele momento, eu realmente desconhecia. Sobretudo como espaço de conexão, mais do que de informação apenas, como vimos e vivemos ao longo destes meses. Comecei a receber reações e contatos de diferentes lugares, todos com apreensão, perguntas e um já perceptível alerta no inconsciente coletivo de que estávamos nos aproximando de algo bastante grave. Ainda não se percebia, é certo, o monstro do negacionismo que se gestava no ventre da tragédia que viveríamos e tampouco a epidemia paralela, que logo surgiria, de sandices, equívocos, defesas de tratamentos sem fundamento, fórmulas mágicas, entre outras aventuras inconsequentes.

No aeroporto de Congonhas recebo um telefonema da jornalista Camila Bonfim, do canal de notícias GloboNews, mencionando o impacto provocado por meu preocupado depoimento e me convidando para uma longa entrevista ao vivo naquela noite, que precedeu a tantas outras. No mês seguinte, em abril de 2020, passei a escrever semanalmente para o jornal *O Globo*, na seção *A hora da Ciência* – fonte dos textos aqui reunidos. Informar, atualizar a situação da pandemia, interpretar a avalanche de produção de dados científicos, numa profusão nunca antes vista, desconstruir informações falaciosas, que tentavam convencer uma população com medo diante do inimigo invisível, passou a fazer parte da minha rotina e da de outros tantos colegas nas mídias.

Saímos de nossos casulos, ou seja, de nossos serviços, laboratórios, ambulatórios, para fazer com que a sociedade tivesse conhecimento de que havia uma comunidade acadêmica e científica brasileira trabalhando para mitigar danos e dizer a verdade, fosse ela boa ou má. Nesse contexto, é fundamental registrar que, na falta de números precisos originados nos órgãos oficiais, um grupo de veículos de comunicação assumiu a divulgação diária de dados gerados pelas secretarias de saúde e redes de hospitais, assegurando acesso consistente a todos sobre o impacto da pandemia entre nós por meio de fontes confiáveis. Assim, no Brasil, a imprensa operou na maior parte do tempo em sintonia com a ciência.

Vivendo os primeiros casos e as primeiras mortes de pacientes, iniciamos nossa interminável rotina de ler os inúmeros trabalhos científicos que rapidamente começaram a ser publicados, e sobretudo nos dedicamos a confortar e a criar mecanismos de comunicação com os internados no mundo hermético dos ambientes de internações por Covid. Naqueles dias iniciais, em alguns momentos furtivos, recorri a releituras seminais em minha formação, como a *A morte de Ivan Ilitch*, de Tolstói, *Ensaio sobre a cegueira*, de José Saramago, *Chão de ferro*, de Pedro Nava, em que nosso médico memorialista descreve as ruas do Rio de Janeiro em plena crise da gripe espanhola. E, ainda, *A bailarina da morte: a gripe espanhola no Brasil*, de Lilia Schwarcz e Heloisa Starling, *Uma morte muito suave*, de Simone de Beauvoir, que me consolara na perda então recente de minha mãe, e até Walter Benjamim, cuja sensibilidade agudíssima não suportara a dor da perseguição nazista: "Atravessar de um salto o vácuo que separa o silêncio da palavra é assustador." A essas leituras se somaram, como fonte de inspiração, uma vez que já começara a escrever os artigos que compõem este livro, as de muitas obras que consultei em minhas prateleiras sobre a história das epidemias, assunto que sempre me fascinou. Incrível como se pode desenvolver uma capacidade de atenção diante de tanta demanda e buscar alento nas boas leituras como se elas fossem – e o são – combustível para a mente, energéticos para a alma.

A experiência de contrair e passar pela doença sendo médica foi singular em todos os sentidos, embora me sentisse amalgamada aos pacientes pela angústia, pelo medo, pela expectativa do momento seguinte. O isolamento e a fragilidade se compensaram pela imensa carga afetiva da família e dos amigos, de par com a competência e o cuidado dos colegas, aos quais devo toda a gratidão. No silêncio, entre uma oximetria e outra, uma vez mais ler e escrever foi terapêutico.

Sabemos que epidemias marcam a história da humanidade, gerando fenômenos sociais e culturais, como ocorrido na tessitura dos dois últimos milênios. Após as pestes da segunda metade do século XIV, a última grande epidemia de nosso registro foi a gripe espanhola, no início do século xx, hoje sem sobreviventes que possam contar suas memórias, porém presente no raconto literário de obras muito bem documentadas, inclusive brasileiras.

Aqui vivemos o período pandêmico sob a ausência de um discurso harmônico e sereno que respeitasse as diferenças entre o que nós, da ciência, dizemos e o que a retórica política contamina. Esse paradoxo e essa dicotomia fizeram muito mal ao país, criando outro tipo de luto, o antecipatório. Mesmo sabendo que o imaginário do sofrimento é de linhagem antiga, segundo Susan Sontag, cabe-nos perguntar: a Covid-19 seria então uma nova forma de sofrimento da contemporaneidade?

Sendo a pandemia um fenômeno demarcador das nossas vidas, como olhar o futuro que nos chega, na velocidade digital para uns, analógica para muitos, desigual no entendimento entre diferentes gerações? As relações líquidas às quais se referiu Zygmunt Bauman prosperam como nunca, alimentadas justamente pela interlocução compulsória no universo digital. Hoje elas estão também travestidas de vigilância e monitoramento indispensáveis e tentam controlar comportamentos e atitudes em diferentes níveis da vida em sociedade. É o caso da vigilância em aeroportos e locais públicos, assegurando que todos estejam usando máscara, por exemplo, e dos novos protocolos, que, necessariamente, vão gerenciar a volta presencial de tantas atividades escolares e de trabalho.

Marie de Hennezel, psicóloga francesa com vários livros publicados, introdutora dos cuidados paliativos desde o governo de François Mitterrand, nos anos 1980, acaba de lançar *L'adieu interdit* [O adeus proibido], obra crítica sobre as consequências do isolamento compulsório aplicado durante a pandemia. Em que pesem minhas discordâncias, por entender melhor as necessidades em um momento epidêmico, é de se pesar mesmo o quanto os ritos de despedida, tão arraigados em nossas culturas, têm sido violentados. Ao descrever como este momento levou à perda do gosto de viver, precipitando mortes na solidão de tantas pessoas às quais os familiares e amigos não puderam dizer adeus, Hennezel descreve a interdição ao próprio luto. Eu diria que a Covid-19 criou uma quebra na experiência de lutos, com um novo liame de lutos antecipatórios, que se estabelecem desde a porta fechada e deixam frustrados os gestos e as manifestações de afeto entre doentes e não doentes.

Seria exagero considerar nosso tempo partido entre a.C. e d.C.: antes da Covid-19 e depois da Covid-19? Tenho pouca dúvida quanto a isso, pois acredito que, em todos os sentidos, muita coisa mudou e ainda mudará no planeta. E espero que com um olhar mais generoso de uns para outros, dos que têm muito para os que nada têm, inclusive para que possamos nos preparar para futuras epidemias, que, sabemos, virão, apenas não podemos precisar quando. A ciência, por exemplo, dará um salto. É inevitável. Foi vencedora. O desafio de nova qualidade será o amplo acesso a ela.

Nessa viagem de exploração de um novo cotidiano, espero ainda que estes registros sejam úteis aos leitores e às leitoras, e se não podem ser fruição, que possam, no melhor sentido voltairiano, nos ensinar que a Providência nos compensa das tantas desventuras da vida com o sono e a esperança. Que o sono seja reparador e a esperança no homem resista.

1 / O QUE APRENDEMOS

7 de abril de 2020

De pestes e de epidemias o último milênio entende. Bocaccio, no *Decameron*, rompe com a mítica medieval e descreve, semiologicamente, o flagelo da peste negra que devastava o continente europeu no fim do século XIV.

Com a erradicação da varíola e a quase total erradicação da poliomielite, acesso ao tratamento antiviral para a Síndrome da Imunodeficiência Adquirida (aids) e à vacina para as gripes, um reviver de práticas simples, como afastamento social e medidas rigorosas de higiene, pareceriam pueris diante da tecnologia utilizada na atualidade. Como bem demonstrado no contexto da gripe espanhola, há cem anos, nos vemos, uma vez mais, correndo em busca de solução, diante de um vírus animal que atravessou a barreira da espécie humana e é capaz de se transmitir de uma pessoa a várias outras, exponencialmente.

A pandemia ocasionada pelo vírus Sars-CoV-2, causador da síndrome denominada Covid-19, que atingiu até o momento, em todo o planeta, mais de 1 milhão de pessoas e provocou 200 mil mortes desde seu aparecimento na China, no fim do último ano, é a primeira das epidemias da era digital plena e desnuda o total despreparo do mundo em diversos graus para responder a esse desafio. Já assistimos a guerras on-line. Nunca, porém, a desigualdade e a exclusão, a falta de acesso à água e aos cuidados de saúde se mostraram tão presentes em nossas vidas, compulsoriamente, pelos meios de comunicação.

Aprendemos sobre o patógeno, sua imensa capacidade de transmissão, seu polimorfismo de manifestações clínicas, sua distribuição epidemiológica – com a grande maioria de casos leves e autolimitados –, sua alta letalidade no grupo etário mais idoso e entre pessoas em condições de risco. Aprendemos, com os que nos antecederam na epidemia, que nem é necessário ser inimigo para entrar na mesma guerra, como se vê nos países europeus e em nosso caso, que podíamos ter nos preparado melhor para receber a primeira onda de contágio.

Aprendemos, sobretudo, a olhar números e índices com o cuidado de especialistas, a ouvir os cientistas e as autoridades sanitárias com um misto de perplexidade e confiança, sabendo que por ora não há tratamento medicamentoso efetivo, que os melhores cuidados de terapia intensiva de suporte são ainda a salvação possível para os casos graves, e que, mais que respiradores em Centros de Terapia Intensiva (CTIs), o isolamento social é, até o momento, a arma mais poderosa para conter a disseminação. Considerando o tempo necessário para atingir a proteção imunológica da população e a criação de uma vacina, estamos em busca de um tratamento eficaz no mundo real, comprovado cientificamente pelas melhores práticas de pesquisa para ser aplicado em todos.

Assim como Saramago, não acredito em soluções fáceis nem em receitas para um mundo melhor que não incluam nossos deveres para com os outros. Na ciência, a não ser aquelas ocasionais descobertas ao acaso que depois se comprovam úteis e até revolucionárias, cujo exemplo maior talvez seja o de Fleming e Pryce ao descobrirem que o fungo *penicillium*[1] seria um grande bactericida, toda descoberta exige comprovação sob rigorosos preceitos éticos. Um dos grandes poetas do século XX, o irlandês W.B. Yeats nos diz que cada um deveria fazer para si uma máscara e usá-la, e tornar-se o que a máscara representa. De par com o isolamento social, nunca o uso de uma arma tão singela, que, a rigor, esconderia rostos, revelou tantos olhares, de angústia e de solidariedade, a nos amalgamar confiantes num novo desenho de relações, num futuro mais generoso e diferente desse distante dezembro de 2019.

1/ *Alexander Fleming (1881-1955), médico escocês, e Merlin Pryce (1902-1976), médico e professor galês, ao descobrirem as propriedades do fungo* penicillium *permitiram que a substância adquirida – a penicilina – se tornasse o primeiro antibiótico do mundo e o que seria mais usado, por sua eficácia, no tratamento de infecções provocadas por bactérias, como tuberculose, pneumonia e meningite, consideradas graves ou fatais à época.*

2 / APOCALIPSE É ESPERANÇA

14 de abril de 2020

São inéditos a velocidade de progressão da pandemia pela Covid-19 e o número de verdades e inverdades que surgem e desvaecem à luz das ainda escassas comprovações científicas, quer sobre os testes ditos "padrão-ouro"[2], fármacos que possam se mostrar verdadeiramente úteis em seu tratamento, quer sobre a duração da imunidade conferida. Nesse cenário tão novo, consola o grande número de pessoas já curadas da infecção. No entanto, esse equilíbrio instável entre epidemiologia e estrutura de serviços para responder ao quadro pandêmico pendula entre o tamanho do desafio e a coordenação da resposta. No Brasil, a operação dos hospitais de campanha, em construção em diversas cidades, pode ter impacto na morbidade e na mortalidade, se a eles forem assegurados recursos humanos qualificados e suficientes, e pode salvar vidas.

O grande pensador e poeta Paul Valéry nos alertou, premonitoriamente, no entreguerras: "Civilizações, não se esqueçam de que são mortais." Esta pandemia, que seguramente não será a última, vem nos lembrar, peremptória, a nossa possibilidade de desaparecer como civilização, abrupta ou lentamente, seja pelo caos, por armas atômicas, pelos danos ao meio ambiente, pela falta de água ou por epidemias.

Conhecendo a desigualdade de nossas grandes cidades, essa doença vai desnudar, em carne viva como nunca antes, a exclusão social e a diferença de acesso aos serviços básicos, desde saneamento, água e moradia até o ápice do sistema, que são as Unidades de Terapia Intensiva (UTIS). Não será apenas um jovem ianomâmi, em sua realidade longínqua, que morrerá atingido pela virose, sem a assistência adequada

2/ *O teste RT-PCR (sigla para o nome Transcrição Reversa Seguida de Reação em Cadeia da Polimerase) é um exemplo de método diagnóstico considerado "padrão--ouro".*

à sua cultura. Poderão ser jovens moradores de comunidades urbanas e de periferias e suas famílias, em particular os mais velhos. Caberá, mais do que à rede suplementar de saúde, a esse sistema único, o SUS – castigado cronicamente pelo subfinanciamento –, por meio das medidas emergenciais orquestradas, dar a resposta, correndo contra o tempo da disseminação acelerada.

Na falta de testes em larga escala, urge organizar a vigilância epidemiológica dos casos de síndrome respiratória aguda grave e de gripes, inclusive dos óbitos, gerando informação necessária sobre os vetores de expansão da doença e seus números.

Dispensadas estão as metáforas quando o hiper-realismo grita, ululante, como diria Nelson Rodrigues: Nova York, a cidade mais cosmopolita e rica do mundo, ultrapassa os 200 mil casos, enterra alguns milhares de seus cidadãos em cova rasa e se ajoelha diante da tragédia humana inaudita, a superar qualquer narrativa épica grega. Mas irá conseguir achatar a curva de transmissão com o isolamento social.

Nesta Páscoa tão insólita, contrita, mais que nunca carregada de seu sentido de travessia e libertação, nós nos vemos em meio à angústia, com mais perguntas do que respostas, e muitas dúvidas. É restauradora a visão de peixes e patos de volta aos canais de Veneza, bem como ouvir a homilia do papa Francisco e Andrea Bocelli cantando "Amazing dreams" numa catedral de Milão deserta. Retroalimenta-nos da velha e teimosa confiança de que podemos prosseguir, capazes de olhar o Apocalipse não como um livro de maldições, mas como ele é: uma leitura de revelação e esperança.

3 / O NOVO, SEM PROFECIA

21 de abril de 2020

No momento em que todos, cada um a seu modo e na exigência de seu intelecto, discutem o que seria a nova normalidade após a pandemia do coronavírus, nós nos sentimos assolados por esse desconhecido "novo", pelo desafio ainda longe de solução, pelo excesso de informação, por vezes tóxica, e observamos as inquietudes sobre como será o nosso futuro – a nossa vida, o cotidiano. Em meio a tantas incertezas diante do inesperado, mais que tudo, uma certeza: o homem, sua competitividade, seus padrões de consumo e dogmas precisarão encontrar uma relação de outra qualidade.

Em tal exíguo momento, profissionais de diversas áreas, não apenas os cientistas, pesquisadores e médicos, tiveram que lidar com a perplexidade, e de pronto canalizaram seus melhores esforços na busca incessante de respostas sobre a história natural, a biologia do vírus, a patogenia e os possíveis tratamentos para a nova doença. Agências regulatórias e comitês de ética trabalham em regime de urgência todos os dias da semana, inclusive no Brasil, com o cuidado de, diante da premência e do tamanho da tragédia, minimizar improvisos e medidas sem a necessária sustentação científica para aplicação *in anima nobile*.[3] Até agora ficou claro que obter uma vacina capaz de prover a imunidade de rebanho e prevenir o vírus e suas mutações, que certamente ocorrerão, é o objetivo maior.

Há, entretanto, vidas a salvar agora, e tem sido exaustivamente alertado que a arma mais poderosa ainda é o distanciamento social, ou o "fique em casa", que já deveria ter sido incorporado ao saber popular, com os cuidados que essa medida exige, como acesso

3/ *Traduzida do latim, a expressão "em alma nobre" se refere aos seres humanos usados em testes e experiências médicas.*

a higiene e orientação. Sabe-se que a maior causa da morbidade em pessoas infectadas pelo Sars-CoV-2, bem como aquelas na epidemia de Mers-CoV, há alguns anos, é a síndrome de liberação de citocinas – ou tempestade imunológica –, resultando em falência respiratória a par de um cortejo de fenômenos com desfechos clínicos graves ou com morte. Nesse sentido, é fundamental evitar que muitas pessoas cheguem a esse ponto, exaurindo a estrutura de saúde, especialmente nesta fase da disseminação em que estamos, e fazer do grande número de curados uma permanente inspiração.

Meu amigo Régis Debray, em conversa recente, diz, em sua agudeza: "As crises são impudicas, no que desnudam os reis, e passam as sociedades num raio x, lhes revelando o espírito." É fato, e lembrávamos que um dos maiores legados da peste bubônica (século XIV) foi a destruição do sistema médico centrado nos conceitos de Hipócrates, Galeno e Avicena[4] – médicos, todos homens, muitos ligados ao clero –, um sistema rígido e hermético em sua prática. Naquele momento, a resposta exigida das novas gerações resultou em mudanças que fizeram a medicina avançar, até chegar ao modelo da medicina clínica do século XVII, sobretudo no Renascimento, um divisor de águas histórico. O grande Petrarca, ao descrever a primeira peste, disse: "Feliz a posteridade que não experimentou esse abismo e que olhará o nosso testemunho como se fosse uma fábula."[5]

Nesse panorama teórico e prático do nosso tempo, espécie de Iluminismo que marca o verdadeiro início do século XXI, sem profecias, acreditamos numa conjunção humanista de nova natureza, no conhecimento e na sua disseminação capilar e mais democrática, mantendo a centralidade na pessoa – quem, afinal, deverá comandar o porvir após a pandemia.

4/ *Os médicos gregos Hipócrates (c. 460 a.C.-377 a.C.), Cláudio Galeno (c. 129-199) e o polímata persa Avicena (c. 980-1037) são referências na literatura médica por deixarem suas experiências, descobertas e técnicas profissionais como contribuições inovadoras da Antiguidade e da Idade Média para a posteridade.*

5/ *Tradução livre do trecho retirado de Petrarch,* Letters on Familiar Matters *(*Rerum Familiarium Libri*), traduzido para o inglês por Aldo S. Bernardo, Saul Levin e Reta A. Bernard (Nova York: Italica, 2005), vol. 1, 3 (I, 1).*

4 / SEM PASSAPORTE PARA O FUTURO

28 de abril de 2020

Neste outono de recuo histórico em que olhamos o longínquo dezembro de 2019, temos falado sobre o aprendizado de uma doença inteiramente nova e a avalanche de informação científica e leiga produzida em período tão curto. O mar então recuava, prenunciando as ondas em tsunami. Inapelavelmente. Hoje, ainda inundados pela primeira onda e prevendo a segunda, que poderá ser até mais letal, como ocorreu durante a gripe espanhola no início do século passado, nós nos vemos, no Brasil, correndo atrás do tempo e observando o cenário trágico, marcado pela obscena desigualdade social, que a epidemia desnudou.

No enfrentamento diário da epidemia pela Covid-19, muitas publicações científicas aprovadas sem o necessário rigor metodológico tornam-se verdades efêmeras que, no entanto, não resistem a um olhar técnico experiente, provando que o desespero pode justificar ações heroicas, mas não necessariamente eficazes. Em meio a notícias em profusão além de exercícios de futurologia os mais variados, para nós, médicos, é um enorme alento cada alta dada a um paciente curado, intensificando-se, sob nossos olhares de alívio, as maiores interrogações contemporâneas que apontam em direção ao futuro.

A cada dia incorporamos um novo conhecimento sobre a doença e seu curso. O polimorfismo clínico é de uma doença infecciosa, altamente transmissível, marcada por reações inflamatórias e imunológicas, originalmente respiratória, mas que na verdade é sistêmica. Fazem parte desse arsenal de informação a comprovada alta frequência de infecção bacteriana secundária e as complicações neurológicas tardias, cardiovasculares e hematológicas. Intrigantes e sem resposta são, ainda, as evoluções abruptas da enfermidade, verificadas após a primeira semana de sintomas, e o número de mortes domiciliares cuja gravidade não pode ser detectada a tempo, nem pela pessoa, nem pelo serviço de saúde.

Estudos epidemiológicos de testagem sorológica em amostras de população têm por objetivo determinar o percentual de pessoas que estariam imunizadas hoje para a cepa viral circulante. Sabe-se, entretanto, que, para atingir essa imunidade comunitária ideal, precisaríamos ter 60% da população produzindo anticorpos para o vírus, e os testes disponíveis até o momento não trazem essa efetividade. Com isso, nem o passaporte imunológico para o futuro imediato com valor de liberdade – ou um indicador canônico de capital humano – pode ser expedido.

À guisa de nos reconciliarmos com um depois necessariamente novo, lembro Teilhard de Chardin, grande jesuíta e filósofo, que, após seus anos servindo no *front* francês da Primeira Guerra Mundial, escreveu, em janeiro de 1918, curiosamente pouco antes da primeira onda da gripe espanhola: "Será necessário que a humanidade, sob pena de perecer à deriva, se eleve à ideia de um *esforço humano*, específico e integral. Após se deixar apenas viver por tão longo tempo, compreenderá que é chegada a hora de se revelar ela mesma, e fazer o seu caminho." Nada mais atual.

5 / CONSCIÊNCIA E CIÊNCIA SEM CONFLITO

5 de maio de 2020

Nesta semana em que se celebram 75 anos da tomada de Berlim pelos soviéticos, quando as forças aliadas anunciaram a derrota das tropas nazistas na Itália e na Áustria, como publicado nos grandes jornais à época, a noção de tempo nos atropela e parece que estamos nos referindo a um fato histórico bem mais distante. Hoje, com a dimensão do fenômeno que assola todo o planeta, os mesmos órgãos de comunicação anunciam o que poderia ser uma trégua na luta em que nos encontramos contra este inimigo ubíquo e invisível: um vírus que já dizimou mais vidas do que os vinte anos da Guerra do Vietnã, ou a epidemia pelo HIV nos seus primeiros 25 anos. A divulgação do que poderia ser um tratamento possível, pelo menos para as formas graves da Covid-19, em que pesem os desfechos a serem aprimorados, se traveste de boa nova.

Não se compara a força dos meios de comunicação de outrora com a do mundo contemporâneo, que vive a primeira epidemia em contexto completamente digital. O tamanho do fenômeno midiático é compatível com a sua época, ainda que o homem, como ser de consciência, permaneça, felizmente, operando no modo analógico, movido a empatia e compaixão. Se é verdade que é o amor ao próximo sofredor que inspira o desenvolvimento da ciência, podemos afirmar que no homem, cientista ou poeta, os métodos criadores são os mesmos. Einstein disse com seu humor: "A imaginação é a mais científica das faculdades", indicando que nenhuma descoberta nos dá direito ao descanso. Um problema ou uma etapa resolvida gera forçosamente outra hipótese a ser demonstrada, outra questão a ser respondida. É onde nos encontramos, frente ao desafio imposto pela Covid-19 e à espera de uma vacina para preveni-la.

O remdesivir, fármaco para o tratamento de casos graves da doença, aprovado pelo órgão regulatório norte-americano Food and

Drug Administration (FDA), é um conhecido antiviral capaz de bloquear a replicação do vírus, de uso exclusivamente endovenoso, com efeitos *in vitro* já demonstrados em outros coronavírus, tendo sido utilizado nas epidemias Sars e Mers,[6] e no tratamento do ebola, na África, sem sucesso. Três estudos sobre o uso do remdesivir para a Covid-19 foram publicados: um na China, sem benefício e interrompido por efeitos colaterais; um segundo, feito pelo fabricante, sem grupo de controle; e um terceiro, que gerou a aprovação, incluindo 1.063 pacientes com mortalidade de 8% contra 11,6% no grupo placebo. Sabe-se, assim, que os estudos até o momento, mesmo os raros metodologicamente bem conduzidos, não respondem se este será um tratamento plausível, isolado ou em associação a terapêuticas que atuem em outros alvos do vírus, como anti-inflamatórios biológicos e corticosteroides, anticoagulantes e transferência de plasma de convalescentes. Ao falar em plausibilidade, hão de se considerar variáveis diversas, como efetividade de uso no mundo real, segurança, proteção ou quebra de patente, comercialização e, sobretudo, acesso universal. Todas essas respostas deverão se somar ao ganho observado até agora, de redução modesta no número de dias de permanência em terapia intensiva, com eventos adversos controláveis.

No momento agudo em que vivemos, em meio à proliferação de controvérsias, muitas sem base científica alguma, voltamos a nos indagar se entre os enigmas que regem a consciência humana e a ciência não há conflitos, e sim interação, como um amálgama perene. Que os que decidem sobre a vida das pessoas, *a fortiori*, os homens de Estado, tenham bom senso e mostrem-se sempre firmes, claros, consistentes, justos e, sobretudo, responsáveis. O que nos revelará a nossa história imediata?

6/ *A Síndrome Respiratória Aguda Grave (Sars) é transmitida pelo vírus SarsCov, identificado em pesquisas entre os anos 2002 e 2003. Por sua vez, a Síndrome Respiratória do Oriente Médio (Mers), detectada pela primeira vez em 2014 na Arábia Saudita, é causada pelo vírus MersCov.*

6 / EPIDEMIA, HUMANIDADES E SOLIDARIEDADE

12 de maio de 2020

O ensino das humanidades na formação médica, inclusive no Brasil, é hoje reconhecido como indispensável. A aliança entre ciência e cultura se mostra ainda mais necessária, sob uma nova leitura da medicina dogmática, aquela dos médicos de Molière. Há uma célebre máxima do médico português Abel Salazar, do século XIX, segundo a qual "o médico que só sabe medicina, nem medicina sabe".

O grupo Humanidades na Saúde, criado há cinco anos no Rio de Janeiro, com sede na Rede Américas, se reúne presencial e regularmente, uma vez por mês, no Hospital Samaritano, debatendo temas ligados à relação médico-paciente nos domínios da arte, da música, do cinema, do teatro e da literatura. Grupo multidisciplinar muito ativo, com a chegada da epidemia da Covid-19 precisou passar as reuniões para a internet, mantendo a fidelidade de seus membros e intensa agenda. Com o desnudamento radical de nossa desigualdade social, por força da doença e das medidas de isolamento, a última de nossas memoráveis sessões tratou da solidariedade humana em tempos de pandemia e de ações concretas em curso.

Iniciativas de grande envergadura, como a aquisição de milhões de testes para diagnóstico, o redirecionamento de máquinas de produção de cosméticos para a fabricação de sabão líquido e álcool em gel, o remanejamento de equipamentos em fábricas têxteis e grifes para a produção de máscaras e capotes em escala e doação para as comunidades e a atuação dos profissionais na rede do SUS são exemplos. O Fundo Inovação em Saúde, que congrega empresas ligadas à área da saúde, implementou os hotéis solidários a partir de doações da iniciativa privada, destinados a albergar aqueles que, pela exposição ao contágio no ambiente de trabalho, não podem retornar com segurança às suas casas e famílias.

Um grupo de psicanalistas e psicólogos criou a equipe denominada Time de Apoio Psicológico e oferece atendimento gratuito para as pessoas com necessidade de uma escuta especializada, por ansiedade e depressão ocasionadas pelo confinamento e o medo. O movimento chamado Redes da Maré, muito ativo em ações de cidadania, em um mês de voluntariado levou a quase 10 mil famílias cestas básicas e produtos de higiene pessoal fornecidos às dezesseis comunidades do Complexo da Maré.

O movimento União Rio, atuando nas frentes de saúde e de comunidades, auxiliou na montagem e reativação de leitos de terapia intensiva do Hospital da Universidade Federal do Rio de Janeiro (UFRJ) e distribui milhares de equipamentos de proteção a profissionais da saúde. Obtivemos a aprovação ética para iniciar a transferência de plasma de convalescentes e curados para pacientes graves e vemos o grande número de pessoas que se oferecem para doar, a começar pelos médicos que adoeceram. O tempo demonstrará se esses estudos vão validar essa modalidade de tratamento, a exemplo do que ocorre nas febres hemorrágicas.

Há alguns anos tive o privilégio de manter uma conversa privada com a Irmã Nirmala Joshi, substituta da Madre Teresa de Calcutá, em sua casa, um modesto sobrado em Calcutá, em cuja sala está o túmulo da Madre. Antecedeu essa conversa, transcendente para mim, a visita a um de seus abrigos. Seu olhar vinha de longe, de sua antecessora, profundo, e tinha um sorriso doce e firme, para desmontar convicções. Naquela urbe gigante, vendo os cuidados oferecidos aos recolhidos das ruas e aos muito doentes, entendi que aquele "quase nada", como chamaram os críticos da Madre no sentido de que ela teria feito mais propaganda do que ações, guarda uma abissal distância do nada. Entendi uma vez mais, como já o entendera em trabalho em várias comunidades brasileiras ou na África Subsaariana. Lembro-me de Indira Gandhi, que dizia que "na presença da Madre todos nos sentimos um pouco envergonhados de nós mesmos". E que entre nós a solidariedade humana prospere com a primavera da justiça social.

7 / EQUIDADE: A NECESSÁRIA NOVA ÉTICA GLOBAL

19 de maio de 2020

A carta aberta endereçada ao secretário-geral da Organização da Nações Unidas (ONU), António Guterres, denominada "*Iniquidade em saúde durante a pandemia: um grito por liderança ética global*" e chancelada por um conjunto de instituições de representatividade inconteste, é clara e firme no pleito de que se unam os esforços mais objetivos e materiais para reduzir o impacto da pandemia de Covid-19 e de suas consequências catastróficas entre as populações mais vulneráveis do planeta.

São signatários desse histórico documento 39 ex-presidentes e primeiros-ministros, a Federação Mundial de Associações de Saúde Pública (WFPHA), federações mundiais de ciências, de enfermagem, academias de ciências de todos os continentes, academias norte-americanas de pediatria, além de personalidades como Jeffrey Sachs, Noam Chomsky, *sir* Michael Marmot e Isabel Allende. Pelo Brasil, assinam as academias nacionais de Medicina, de Ciências, de Reabilitação, de Odontologia, de Saúde Coletiva, a Fundação Oswaldo Cruz (Fiocruz), entre outras. A prestigiosa revista *The Lancet* publicou nesta semana editorial ratificando o "grito por uma nova liderança ética global", movida pela iniquidade na saúde, exposta sem pudor pela pandemia do novo coronavírus, e alertando que os sistemas europeu e norte-americano, exauridos, são apenas a mínima expressão do que se passa nos países pobres.

De Nova York, símbolo do cosmopolitismo, às imagens chocantes de corpos nas ruas do Equador e ao colapso dos sistemas de saúde de Manaus, Belém e Rio de Janeiro, constatamos, mais do que vemos, o prenúncio do inexorável impacto da pandemia em regiões de baixa e média rendas, morada de mais de 80% da população mundial. O mais grave é que sabíamos do risco elevado de exposição e vulnerabilidade, sobretudo devido à densidade de população nos bairros, nas comunidades e nas residências, onde falar de distanciamento social é retórica vazia, e, com a falta de saneamento básico e água potável, recomendar lavar as mãos todo o tempo, quase perverso.

No Brasil, a desigualdade social aumenta a fragilidade do país, que, neste momento, com medidas públicas desiguais, paradoxais e muitas vezes irresponsáveis, não gera resposta à altura do desafio e agrava o problema no mar de ignorância vigente. Cerca de metade da população e de 60% das escolas de ensino fundamental não têm coleta de esgoto; e 32 milhões de brasileiros não têm acesso a água tratada. Esse é o nosso cenário, apenas no componente sanitário. Somam-se ao desafio atual o déficit no número de profissionais qualificados para atender à demanda provocada pela epidemia, o crônico sucateamento do Sistema Único de Saúde (SUS), tornando a disponibilidade de respiradores e equipamentos de terapia intensiva grotescamente inútil.

Se pensar numa nova ordem mundial é papel dos economistas e formuladores de políticas públicas, nunca a sociedade civil e os governos se viram tão instados a reconhecer que não é possível seguir observando fotos e registros das desgraças sociais do dia a dia com insensibilidade estética de espectador de exposição de arte ou de prêmios de fotografia.

Oliver Sacks faz falta! Em seu seminal *O rio da consciência*, ele nos lembra que "a história da ciência e da medicina deve boa parte de seu sucesso a rivalidades intelectuais que forçam cientistas a confrontar anomalias e ideologias arraigadas". E que essa competição, sob debate e julgamento abertos e francos, é essencial para o progresso científico. Que assim seja.

Mais que qualquer retórica ou reflexão teórica, a magnitude da pandemia exige intervenções corajosas, inovadoras, globais, regionais, nacionais e locais para proteger os mais necessitados, com os quais a ciência, a saúde pública, a assistência e os movimentos sociais podem contribuir decisivamente. Nenhum ser humano pode mais ser deixado para trás.

8 / AS NOVAS ÁGORAS NA PANDEMIA

26 de maio de 2020

Os gregos, além de todos os fundamentos civilizatórios do Ocidente, nos legaram a criação das ágoras, os espaços públicos de encontros e assembleias nas cidades-estado, exemplo maior de lugar urbano de liberdade, acolhendo quer as intermináveis perorações filosóficas, quer o comércio, e até tribunais populares. Um lugar de elaboração de discursos, rumores e críticas, a verdadeira *pólis*.[7] Homero, em seus épicos *Ilíada* e *Odisseia* define e enaltece a ágora tanto como "a assembleia do povo", a praça pública, bem como a expressão do social, pela celebração, discórdia ou pacificação, enfim, pelo diálogo permanente por ela permitido.

A Idade Média no mundo ocidental criou a *piazza*, conceito muito mais amplo do que o de um espaço urbano simplesmente, mas como um local de centralidade, de encontro, um território necessário para manter o espaço público medieval vivaz e crítico, nem sempre imune à deturpação ou ao esvaziamento de sua substância, como, aliás, se verifica em nossos dias no novo espaço virtual. Houve quem dissesse que nada sobraria de uma cidade italiana sem a *piazza*, essa concentração orgânica de construções civis e de reunião, unindo gente e diferença, no melhor sentido.

No mundo da pandemia do novo coronavírus e no teatro das novas experiências democráticas, individuais e coletivas, quase compulsoriamente as novas ágoras passaram a ser a internet ou o ciberespaço, que representam, neste momento, o poderoso canal de descobertas e de comunicação de toda natureza. O conceito de internet, mais do que significar um sistema eletrônico acessível a usuários de computadores ou telefones celulares para qual-

7/ *Cidade ou comunidade grega independente e regida pelos próprios cidadãos. Sinônimo de cidade-estado.*

quer propósito, revelou-se uma área imaginária sem limites, onde se pode encontrar pessoas e descobrir informações, ou até mesmo resposta para qualquer assunto.

Assim, hoje, mais do que nunca, a esfera pública não é um simples ideal abstrato. Ela adquire uma eficácia própria e vigorosa quando se observa o prazer novo de cada tecnicalidade descoberta entre pessoas, inclusive idosas, que jamais haviam manifestado qualquer intimidade com essas ferramentas de comunicação, propiciando alegrias entre avôs e netos, festas e até jantares entre amigos. Adquirir essas novas habilidades tem permitido não apenas esses encontros afetivos, como também aulas espetaculares, lives diárias sobre os mais diversos assuntos, visitas a museus e obras de arte, concertos e, a cada dia, uma nova expressão criativa desse novo mundo e sua nova ágora.

Podemos imaginar como personagens de outras épocas viveriam este momento. Rita Levi-Montalcini, médica italiana, prêmio Nobel de Medicina em 1986 por suas pesquisas sobre células neuronais, estaria seguramente feliz de viver o agora, pela intensidade das interrogações que desperta. Mulher, mestre do diálogo e em busca do entendimento baseado na demonstração científica, no seu magistral livro *Abbi il coraggio di conoscere* (Tenha a coragem de conhecer), de 2005, já pensava a mente humana a partir dos paradigmas de *hardware* e *software*, como num prenúncio de que fôssemos realmente enveredar pelos mistérios da racionalidade a partir de novos instrumentos. Alertava com arguta sensibilidade que "às faculdades cognitivas cabe a tarefa de usufruir do conhecimento para uma investigação sempre mais profunda do mundo que nos circunda e de exercer um controle sobre o comportamento emotivo, para deter os perigos em constante crescimento".

9 / APRENDENDO COM O NOVO, SEMPRE

2 de junho de 2020

No momento crucial da epidemia de Covid-19, quando, após cinco meses de circulação no mundo, ainda não há uma proposta terapêutica que tenha se mostrado efetiva contra ela, quer para prevenção e tratamento de formas leves, quer para formas graves da doença, as boas práticas de terapia intensiva – aí, indissociavelmente aliados, tecnologia adequada e recursos humanos qualificados – têm sido a melhor modalidade de cuidado, como mostrou a Alemanha em exemplo paradigmático. Somam-se, em uma semana, notícias de estudos sobre a eventual redução de risco de contágio de positivos após o oitavo dia, novos ensaios clínicos com fármacos, informações sobre centenas de possibilidades de vacinas e publicações científicas de qualidade diversa, que dobram a cada quinzena.

Os ensaios clínicos que compõem o chamado Estudo Solidariedade, com a chancela da Organização Mundial de Saúde (OMS), incluíram até agora 3.500 pacientes em dezessete países. Seu desenho metodológico é de estudo randomizado originalmente em quatro grupos, a saber: um com o antiviral remdensivir; um com a associação de dois antivirais, lopinavir e ritonavir; um com interferon beta, já adotado no tratamento da esclerose lateral; e uma quarta linha de inclusão, com a cloroquina, recentemente interrompida pela OMS para análise de efeitos adversos pelo comitê de monitoramento de dados de segurança. Os resultados referentes aos pacientes incluídos nesses grupos serão analisados e publicados oportunamente. As perguntas mais relevantes a serem respondidas são: se esses tratamentos são capazes de reduzir a mortalidade ou o tempo de internação; e se modificam a necessidade de uso de ventilação mecânica em pessoas com pneumonia grave.

É nesse momento que surge uma nova proposta de estudo clínico a nos trazer novos desafios e ânimo, unindo duas gigantes da indústria farmacêutica (Roche e Gilead) para testar em uso conjunto, para formas graves de Covid-19, o remdesivir, ainda considerado fármaco experimental, desenvolvido para o combate ao vírus ebola, um inibidor da enzima polimerase do ARN viral, em associação ao tocilizumabe, um anti-inflamatório biológico, inibidor da interleucina 6, já aprovado pela Agência Nacional de Vigilância Sanitária (Anvisa) para uso no Brasil há alguns anos para artrite reumatoide. O objetivo da pesquisa desse uso associado é verificar se os dois medicamentos, com mecanismos de ação diferentes, podem ter seus efeitos potencializados frente à exacerbada resposta imunológica que se segue ao primeiro momento de grande replicação viral nas formas graves da doença.

Assim, o vínculo entre a ciência e os valores éticos na presente pandemia exige ser cuidadosamente consolidado, sobretudo porque, mais do que nunca, os objetivos da ciência devem ser perseguidos para a defesa da vida da pessoa, como escrito, aliás, no Juramento de Hipócrates.

Diante de tantas interrogações e da velocidade na busca incessante de respostas, e conhecendo a poderosa capacidade adaptativa do sistema imune humano, podemos transportar a afirmação para essa doença nova, essencialmente ligada às condições do hospedeiro, com Charles Darwin permanecendo atualíssimo em sua *A origem das espécies*: "Todos em algum período de sua vida... durante cada geração ou a intervalos, precisam lutar pela vida e sofrer grande destruição. Quando refletimos sobre essa luta, nos consolamos com a crença cabal de que a guerra da natureza não é incessante, de que não se sente medo, de que a morte é em geral imediata, e que os vigorosos saudáveis e felizes sobrevivem e se multiplicam."

10 / O OLHAR DOS MESTRES PARA O AGORA

9 de junho de 2020

Um semestre de um fato biológico e social novo, modificador de histórias pessoais e do curso da vida no planeta, é isso? Diante de tantas perguntas sem respostas, da velocidade exigida à ciência, gerando achados fecundos e algumas precipitações, do empirismo acrítico incompatível com um momento que não permite aventuras, e até das tentativas de manipulação de dados epidemiológicos, como os grandes mestres da história da medicina nos olhariam? William Osler, considerado unanimemente o pai da medicina moderna, educador e humanista à vera, modelo de relação médico-paciente e mestre-aluno, autor do tratado *The Principles and Practice of Medicine* (Os princípios e práticas da medicina), *magnum opus* até hoje utilizado, teve como seu modelo o grande Ibn Sīnā, conhecido como Avicena (980-1037). Este, chamado "o príncipe dos sábios", se importava mais com a verdade científica do que com a própria infalibilidade, estimulava alunos a escrever sempre, a dar aulas e a desenvolver habilidades de interação humana. Em tempos difíceis de epidemia, dizia, com arguto olhar semiológico: "A imaginação é a metade da doença. A tranquilidade é a metade do remédio. E a paciência e a disciplina são o primeiro passo para a cura." Osler, por sua vez, afirmava: "Medicina é uma ciência de incerteza e uma arte da probabilidade." Essa máxima, uma entre tantas que formulou, permanece atualíssima.

Areteu da Capadócia, no século I, e Galeno de Pérgamo, no século II, produziram escritos semiológicos igualmente originais. O primeiro descreveu o *fácies* de um doente, de acordo com a síndrome, e o segundo descreveu lesões de doenças, dando-se conta, precocemente, de que haveria transmissão em algumas situações e que o isolamento do doente seria estratégico para o controle, conceito que levou séculos para ser demonstrado e aplicado, na prática, no contexto de todas as pestes e epidemias que marcaram o último milênio até os nossos dias. Galeno foi figura fundamental na primeira das pestes, a chamada antonina, no século 2 d.C. Vivia em Roma e tornara-se médico de Marco Aurélio, o imperador filósofo, que também pereceu vitimado pela peste. Com sabedoria e estratégia de líder, alertava: "Não o faça se não é conveniente e não o diga se não é verdade", afirmando com convicção que "a destruição de inteligência é um mal maior do que qualquer epidemia". Galeno é, portanto, exemplo paradigmático fortemente oposto a alguns líderes atuais, com seus equívocos imperdoáveis – porquanto, vilipendiadores da vida humana.

Resiliência, capacidade de adaptação, novos protocolos de comportamento, esses, mais que conceitos abstratos, conformam o que já se popularizou como "o novo normal". Os cenários prospectivos da medicina permitem que revisemos o Juramento de Hipócrates com a divisa do grande Paracelso, médico suíço do século XVI: "A medicina é toda amor." A honra da medicina e sua complexidade repousam, assim, sobre uma aliança do dever da ciência e do dever de humanidade, ou do que seja tratar o empirismo com olhar crítico, inarredável.

Quanto tempo vai durar esta pandemia, quando se encontrará um tratamento eficaz e uma vacina segura e protetora? Impreciso. Mesmo reconhecendo o estranhamento do mundo e que, como médicos e cientistas, estamos sujeitos a ansiedades e inquietudes, precisamos preservar o ceticismo saudável que nos nutre. Diante da tragédia humanitária histórica da qual somos protagonistas, o que almejamos mesmo merecer é o status de *hakim*, que é como Avicena chamava os seus discípulos após passarem um duro e longo tempo no *maristan* (hospital-escola) e serem aprovados nos difíceis testes de conhecimentos médicos e, sobretudo, de humanidades.

11 / A INCOMPATIBILIDADE ENTRE NÚMEROS E VIDAS

16 de junho de 2020

Está claro que a redução sustentada nos números de casos e de mortes obtida em países europeus não se deveu a uma desconhecida imunidade comunitária ou de rebanho alcançada nesse período, e sim às variadas formas aplicadas de distanciamento social, de testagem massiva e de medidas de excelência no controle e na assistência hospitalar. Qualquer artifício ou precipitação, mesmo reconhecendo o desgaste gerado nas pessoas, individualmente, e nas famílias, pelos meses passados em isolamento, não justificaria medidas de flexibilização que não obedeçam rigorosamente aos indicadores de taxa de ocupação de leitos, à taxa de transmissibilidade (RT) abaixo de 1 e a um sistema de saúde capaz de testar grandes grupos de comunidades.

No Brasil, após pouco mais de três meses de epidemia, há que se reconhecer o aprendizado tardio com os países que nos antecederam, de par com números, taxas, indicadores apresentados quase à exaustão, sendo muitas vezes tóxicos – porque nem sempre claros – e contraditórios, a depender da fonte, porém todos reiteradamente reveladores do inédito e gravíssimo desafio sanitário, social e econômico. Entre o que já se demonstrou nos estudos sorológicos brasileiros, encontra-se uma substantiva proporção de aumento de infectados entre os testados, a permitir conjecturar, além de uma eventual imunidade cruzada com outros coronavírus, dada a redução do número presumido de suscetíveis, se seria realmente necessário, entre nós, uma imunidade comunitária de 60%, como a que deriva da aplicação de vacinas, ou se poderia ser uma proporção menor.

Conceitos epidemiológicos e clínicos precisam ser cada vez mais explicitados para a sociedade civil, de modo a não deixar dúvidas:

nem todas as formas de disseminação do Sars-CoV-2 estão esclarecidas, porém se sabe que os assintomáticos, ou o conjunto desses com os pré-sintomáticos, podem, sim, transmitir o vírus de uma pessoa a outra ou mais, o que mantém atual e recomendável o uso de máscaras como barreira mecânica e proteção de contatos, além de cuidados de higiene. Sabemos, por outro lado, que a incidência de assintomáticos comparada com a de sintomáticos carece ainda de determinação, o que poderá ser elucidado com os estudos seriados do próprio comportamento do vírus, os testes sorológicos e o rastreamento de contatos.

No luto que ora vivemos, em total empatia com famílias e profissionais da saúde, lembramos que a compaixão é a chave mestra de toda a consciência. De todas as grandes epidemias que acompanharam a evolução no planeta nos últimos dois milênios, brotou o melhor da criatividade humana, em todos os domínios. Em meio a tantas angústias sobre o nosso lugar no mundo e no futuro, uma certeza, mais do que uma intuição, que reconhece a ciência como algo abstrato: mudanças de qualidade marcam a disseminação do conhecimento e sobretudo as formas de colaboração entre setores público e privado.

A arte da guerra, obra de Sun Tzu, do fecundo século IV a.C., escrito numa China em plena efervescência cultural e comercial, vai muito além de um tratado de estratégia; trata-se de uma lição de sabedoria, atemporal, de arte de viver e de filosofia da existência, seguindo a concisão dos textos clássicos. Entre outras coisas, o autor ensina que sem inteligência e bondade é impossível recrutar e dirigir bons seguidores. Muitos outros textos ao longo dos séculos consideraram semelhantes máximas como "um príncipe esclarecido utiliza seus exércitos para eliminar os males que afligem o reino e beneficia o povo com paz e confiança". Que assim fosse.

12 / NOVA DOENÇA E A “VELHA SENHORA”

23 de junho de 2020

Está claro como a epidemia de Covid-19 comprometeu o controle das doenças crônicas e das endêmicas no Brasil e no mundo. O impacto sobre o câncer, exames preventivos que deixaram de ser feitos, procedimentos diagnósticos e consequentes intervenções terapêuticas não realizados, sem dúvida trarão, a curto e médio prazos, perdas evitáveis de vidas em meio a milhares causadas pela pandemia *per se*. Entre as endêmicas, chama a atenção a tuberculose, ainda tão prevalente no país, com um forte controle governamental, porém a depender da participação ativa e da adesão da sociedade, atingidas em cheio nos últimos quatro meses. São muitas as evidências de que a efetividade do controle depende não apenas da disponibilidade de bons medicamentos, mas também da adequada organização de ações, recursos humanos qualificados e tratamento humanizado.

Apesar dos avanços, com redução na incidência e na mortalidade, o Brasil está entre os 22 países de maior carga de tuberculose no mundo, com 70 mil casos novos e mais de 4 mil mortes anuais. Doença urbana ligada a condições de vida, sua redução no país nas últimas décadas tem sido desigual. A redução anual, de cerca de 2,5%, está muito aquém da esperada. Para que se confirme a expectativa de erradicação nos próximos cinquenta anos, é necessária uma queda de 6% ao ano. No mundo, três países do bloco dos Brics – China, Índia e África do Sul – concentram 50% dos casos. Se olharmos a vasta literatura que se inspira na “velha senhora”, como a doença foi denominada, vemos que a tísica, que fez artistas e poetas passarem parte da vida em sanatórios até a metade do século passado e inspirou romances, poemas e óperas, foi perdendo o lirismo.

Após a Segunda Guerra Mundial, surgiram os primeiros medicamentos, a começar pela estreptomicina, que salvou o grande dramaturgo Nelson Rodrigues em seus muitos anos em sanatórios, até o advento da rifampicina, no fim dos anos 1960, ainda hoje protagonista no tratamento da tuberculose. Cinquenta anos depois, vivemos um *momentum* com a descoberta de cerca de vinte novas moléculas e estudos clínicos para testar a eficácia e a redução do tempo de tratamento. Estudos em diversas fases no mundo têm o objetivo de reduzir esse longo período, aumentando a adesão dos pacientes a fármacos orais. É alentador, portanto, verificar que há poucos dias, ainda que com atraso em relação à aprovação pela OMS, dois bactericidas potentes, bedaquilina e delamanide, foram aprovados pela Comissão Nacional de Incorporação de Tecnologias (Conitec) para incorporação ao programa brasileiro contra a tuberculose.

O Brasil tem sido exemplo no que diz respeito a normas para diagnóstico e tratamento elaboradas em conjunto pelo Ministério da Saúde e a comunidade acadêmica, com participação da sociedade civil, sem conflito entre medicina pública e privada. Merecem registro: o pioneirismo dos esquemas de tratamentos curtos, permitindo o fechamento de sanatórios e o regime ambulatorial nos anos 1980; o reconhecimento de grupos vulneráveis, em que a incidência é centenas de vezes maior do que na população geral, como indígenas, presidiários, pessoas com HIV e pessoas em situação de rua; os medicamentos formulados em comprimidos de dose fixa combinada, o que reduz os comprimidos diários; a aquisição de insumos para diagnóstico molecular rápido; a criação de centros de referência para casos complexos; e a criação de um banco de dados on-line, para vigilância epidemiológica; além de iniciativas como a Frente Parlamentar pela Luta contra a Tuberculose e o aumento do orçamento.

Neste cenário social e epidemiológico brasileiro, duramente atingido pela pandemia, já seria, em condições ditas normais, inadmissível o paradoxo de morrerem por ano mais de 4 mil brasileiros de uma doença diagnosticável, tratável, virtualmente curável e com tratamento gratuito. A redução constatada de 40% dos testes diagnósticos para tuberculose nos últimos três meses, somada aos mais de 50 mil mortos pela Covid-19, aponta-nos um prognóstico sombrio e a triste constatação de que ainda somos um país injusto e desigual.

13 / CIÊNCIA, DESCOBERTA E ALENTO

30 de junho de 2020

Ainda que nem sempre devidamente valorizadas como fato social pelos historiadores, as epidemias influenciaram a história do homem e, por vezes, mais do que fenômenos políticos, gerando criação em todas as áreas e grandes mudanças civilizatórias. No dia em que o mundo ultrapassa a marca de 10 milhões de casos e de meio milhão de mortos, impressiona a avalanche de notícias sobre a pandemia do novo coronavírus, com análises diversas, assincronias nos números, a depender da fonte, curvas, hipóteses formuladas e desmentidas pelos fatos, taxas que impactam os frágeis prognósticos, além do comportamento epidemiológico surpreendente, com características peculiares em cada região – em particular no Brasil, onde a heterogeneidade da evolução, mesmo que revele redução de casos e de mortes em algumas cidades após os primeiros cem dias, coloca o país em triste e constrangedora posição pelo excesso de vidas perdidas. Vale o registro da produção de dados atualizados coordenada pelo Consórcio de Veículos de Imprensa (CVI)[8] e divulgada diariamente, de par com iniciativas valorosas de universidades e instituições, desenvolvendo estudos populacionais e gerando respostas que deveriam auxiliar decisões relacionadas à abertura de serviços e retomada de rotinas.

Numa observação sobre a ecologia da doença, chama curiosamente a atenção uma nova linguagem, que certamente resultará em estudos sociológicos e que encantaria filósofos da área, como Wittgenstein, Umberto Eco e Noam Chomsky, com expressões e perguntas in-

8/ *Parceria entre conglomerados da imprensa brasileira formada por* O Globo, G1, Folha de S.Paulo, O Estado de S. Paulo, UOL *e* Extra, *com o objetivo de reunir dados recebidos pelas secretarias estaduais de saúde e informar a população sobre a Covid-19.*

corporadas ao senso comum sobre quando vamos "alcançar o pico" ou "achatar a curva", se vamos ter "uma segunda onda", se vale a pena tomar "esses remédios" (referindo-se aos vários usados sem comprovação de eficácia), se é para usar máscara N95, se os testes sorológicos, negativos ou positivos – ainda que confundam mais que esclareçam –, foram feitos, se vamos alcançar a "imunidade de rebanho", se a vacina vai resolver o problema de vez, se quem passou pela doença está imunizado, se essa imunidade acaba, se podemos nos contaminar de novo, se assintomáticos podem transmitir o vírus, se a doença deixa sequelas, se existe proteção pela imunidade cruzada com outros coronavírus, entre outras dúvidas, a criar uma fascinante retórica leiga em meio à população, que merece cada vez mais informação clara por parte de cientistas, pesquisadores, médicos, autoridades e da imprensa responsável.

Sabe-se que a melhor estratégia preventiva para doenças causadas por vírus é a adoção de vacinas, que, historicamente, requerem anos de pesquisa e testes. Desde a fase pré-clínica, em que é testada em animais, até as seguintes etapas: fase 1, quando é testada em um pequeno número de pessoas, visando determinar sua segurança; fase 2, quando é testada em algumas centenas de pessoas, incluindo idades diversas para que se observem diferenças de reações por parte do sistema imunológico; fase 3, quando os testes são feitos em milhares de pessoas, comparando-se com o placebo para se verificar a efetividade de proteção. Segue-se ainda a etapa de registro nos órgãos regulatórios de cada país para a incorporação e o uso clínico.

Nesse sentido, em meio a tantas chamadas "más notícias", é alentador saber que nessa corrida científica, na qual todos estão em busca de uma vacina segura e efetiva para um futuro próximo, há uma iniciativa do Ministério da Saúde e da Fiocruz que permitirá ao Brasil não apenas testar a vacina considerada a mais promissora – criada pela Universidade de Oxford e hoje sob o domínio patentário da AstraZeneca – como, através da Bio-Manguinhos (laboratório da Fiocruz), vencer a etapa inicial de produção até janeiro do próximo ano e formalizar a transferência de tecnologia, assegurando o acesso à vacina nacionalmente através do SUS. Com isso, alimentamos nossa infatigável esperança no melhor do homem.

14 / CONHECER E ENTERNECER

7 de julho de 2020

Entre as novas experiências positivas que ora vivemos, sem dúvida a telemedicina, esse inovador conjunto de aprendizados que vem passando por um processo de regulamentação, ganha protagonismo e valorização estratégicos por força do momento epidêmico. E as escolas médicas terão que encontrar a melhor forma de ensinar seu uso crítico, preservando nosso bem maior no exercício profissional, que é a relação médico-paciente.

Sabemos que nada substitui o contato pessoal, o exame físico, mas sabemos também que, se pudéssemos nos ter valido dessa ferramenta para dar acesso à informação e monitorar casos na rede de serviços de saúde, poderíamos ter diagnosticado os casos mais graves e salvado vidas nesta epidemia. Hoje colocamos igualmente em prática uma nova modalidade de assistência, com consultas pela internet chanceladas pelos conselhos de ética, especialmente com os acometidos pela Covid-19, e descobrimos que a tecnologia de vídeos nos permite, além de observar o paciente fisicamente e controlar alguns parâmetros clínicos, compartilhar seus medos e angústias expressos, sem contenção, nessa relação de nova qualidade.

O mesmo se aplica aos internados após a ruptura do isolamento em áreas próprias de hospitais, onde a experiência naquele despenhadeiro de solidão é amenizada para os que estão acordados e sem ventilação mecânica com a presença de um telefone celular. Mudanças de testamento, de contratos de união estável, desejos expressos, declarações de amor, de arrependimento, documentos registrados, um simples pedido de fundo musical, ou o simples contato com alguém querido. Tudo isso tem sido por nós testemunhado e compartilhado, intermediando o melhor das relações humanas, experiências a nos enternecer neste cotidiano.

Acompanhar o dia a dia de uma doença que, em média, tem duração de duas semanas, podendo se agravar, e discutir sua evolução nos remete à lancinante dúvida presente na narrativa de Tolstói ou à própria mortalidade sob a ótica semiológica do autor, em *A morte de Ivan Ilitch*, obra em que faz a exasperada descrição de uma dor insolúvel, persistente, progressiva, sem solução. Esse drama, constituído pela relação do médico com o paciente, é o oposto do que temos praticado, vendo a pessoa como mais do que um ser psicossocialmente passivo, ou, em outras palavras, entendendo que estar doente é mais do que uma condição médica, a exigir de nós, na sofisticação dessa dialética, mais do que o conhecimento científico, um genuíno interesse pelo outro.

Entre outros fenômenos na história do homem – transitórios ou definitivos –, momentos críticos costumam levar à compaixão. Se quisermos analisar qualquer princípio lógico no que ocorreu recentemente na Zona Sul do Rio de Janeiro e em outros locais, com cenas de aglomerações festivas em ruas e bares, para nossa perplexidade e espanto, retornaremos a Gilberto Freyre, que, com extrema perspicácia, separa e define os "doentes biológicos" e os "doentes sociológicos". Essa categoria se aplicaria aos decantados "inocentes do Leblon" de Drummond, pela insensatez e arrogância coletiva, agravadas pela negação de uma epidemia que ainda nos expõe a riscos, visto que sua transmissão não está controlada, sobretudo para os menos favorecidos. Aquelas vidas belamente estilizadas em seu despudor se revelam, assim, um espetáculo grotesco que gostaríamos que fosse apenas fantasia e não realidade.

15 / O DÉDALO E A BUSCA DE SAÍDA

14 de julho de 2020

Sem dúvida, desde o aparecimento do novo coronavírus, houve um maior interesse pelas leituras que resgatam a história dos últimos dois milênios e das epidemias e por textos científicos e leigos, fartamente publicados no último semestre. Como um projetor se movendo sem parar pelo mapa do planeta de acordo com a distribuição da pandemia, recebemos informação instantânea, por vezes caleidoscópica, revelando, com clareza, mais que detalhes, cenários de pano aberto que muitos prefeririam continuar ignorando. Passamos a nos interrogar se a categoria de *homo eligens*, tão magistralmente criada por Zygmunt Bauman em *Vida líquida*, poderá vingar entre nós como cerne identitário. Como o "ser que escolhe", numa revisão das relações simbióticas com o mercado e dos padrões de consumo até então aplicados ou, no mínimo, aspirados, em quase todas as culturas até nosso tempo recente. Muitas são as manifestações expressas publicamente de que a pandemia implicará novos modelos, conformando relações de nova qualidade. Mas até que ponto tudo se dissipará quando a epidemia perder sua força destrutiva e as rotinas, mesmo machucadas, forem retomadas? O Renascimento que emergiu, em seu esplendor, por todas as searas da ciência e da cultura, após a grande peste bubônica, que fechou a Idade Média, só poderia se emular neste começo de século se atenuada a distância que separa os homens por razões sociais e econômicas.

Tudo o que ganhamos na medicina no último século – o controle da dor por meio de analgésicos e das infecções através de antibióticos, a utilização de anti-inflamatórios biológicos para doenças autoimunes, o acesso à tecnologia para diagnóstico e robôs para intervenções cirúrgicas, obtendo largo conhecimento pela internet e, sobretudo, adotando normas éticas para pesquisa em seres humanos, de par com o rigor regulatório na prescrição ou na incorporação, tendo por base as melhores evidências –, parece cair por terra diante do uso e da prescrição atuais de fármacos justificados apenas pela triste associação da ignorância ingênua de muitos à arrogância de outros.

Na ânsia por respostas fáceis, ou simplesmente numa espécie de purga da necessidade de fazer algo, de prescrever, e portanto de usar a *práxis* do aceitável – porque aplicar bom senso e resiliência é humanamente muito mais trabalhoso nos modelos vigentes de assistência que conhecemos no Brasil –, o que vemos é a utilização de medicamentos antimaláricos ou vermífugos, que até o momento não têm comprovação alguma de eficácia ou efetividade (a do mundo real) para a Covid-19, gerando na sociedade mais do que uma saudável desconfiança, a esperança de que poderia, no mínimo, prevenir ou atenuar a doença. Oferecer medicamentos, quer inócuos, quer potencialmente nocivos, e associar a essa prática a aplicação de um suposto "termo de consentimento" no qual se alude a uma possível toxicidade é ainda mais canhestro, porque fere o princípio da equidade como um cânone ético universal, outorgando ao aplicador o direito de fazê-lo sem o devido entendimento do paciente.

Nesse dédalo de interrogações e prognósticos em que nos encontramos, resta-nos investir na ciência, na mitigação dos danos ao coletivo, na valorização da pessoa, sem retórica, no acesso equânime aos serviços de saúde e na clara e responsável assistência aos que precisam.

16 / PANDEMIA E LITERATURA

21 de julho de 2020

Existe uma relação histórica entre as epidemias do último milênio e a produção literária no Ocidente. Após seis meses de enfrentamento da Covid-19 no planeta e pouco mais de quatro meses no Brasil, nossa geração vive a primeira epidemia inteiramente digital, muito diversa das guerras e dos conflitos transmitidos on-line nos últimos vinte anos. Foi sob esse ambiente de resgate de obras seminais que ocorreu recentemente o simpósio organizado pela Academia Nacional de Medicina (ANM), A Pandemia e a Literatura, reunindo médicos e escritores da Academia Brasileira de Letras (ABL). Foi um momento especial de arguta escolha e análise de obras antigas e contemporâneas que remetem a fenômenos naturais e biológicos que atingiram a humanidade e marcaram o curso da história.

Obras como *Moby Dick*, de Herman Melville, *Ensaio sobre a cegueira*, de José Saramago, *A montanha mágica*, de Thomas Mann, *A peste*, de Albert Camus, *Chão de ferro*, de Pedro Nava, *Romeu e Julieta*, de Shakespeare, *Decameron*, de Bocaccio, além de referências de Dante e Petrarca, e até o mito de Prometeu, de Hesíodo, foram apresentados com fina sensibilidade e conhecimento, com a marca de cada narrador a discorrer sobre o livro escolhido como se dessas narrativas houvesse retirado a seiva que nutriu suas vidas, quer de escritores, quer de médicos, numa curiosidade intelectual densa, a evocar o melhor do pensamento.

Nesse registro singular entre a literatura e o que seriam as pestes, pragas, ou, na nômina moderna, os surtos e as epidemias, nascem e se eternizam personagens canônicos como Hans Castorp na obra de Mann, que habita o nosso imaginário no papel de anti-herói – ou o antiépico –, o obstinado Capitão Ahab de Melville, ou ainda a esperta mulher do médico, do livro de Saramago. Há também os arrebatados jovens Capuleto e Montecchio na Verona já cercada pela peste, e os encantadores jovens de Florença de um Bocaccio que sobreviveu, ele mesmo, à peste bubônica, os anônimos personagens de Camus à espera do nazismo, e os sobreviventes da gripe espanhola no Brasil de um século atrás, magistralmente descritos por Nava, todos a encarnar pessoas e personas únicas. Numa exposição coletiva como no simpósio da Academia, motivado por um fato real e demarcador de nossas vidas na presente pandemia, poderíamos dizer que esses personagens são comparáveis a meteoros, a nos fazer perguntar se eles realmente passaram, existiram ou permanecerão como objetos de desconstrução e construção em nosso imaginário. De certa forma, como Prometeu roubou o fogo do Olimpo – metáfora para o conhecimento – e o deu aos homens, todos esses pilares ficcionais ou reais nos desafiam na busca por respostas científicas racionais, conforme exige o momento.

Na permanente controvérsia entre saúde e doença em que ainda vivemos, algumas enfermidades deixaram de ser peste, negra (a bubônica) ou branca (a tísica), e, no planeta globalizado, surtos ganharam a dimensão de epi ou pandemias. Outras, como a velha tísica, que perdeu o lirismo, ou a aids, que lhe roubou o protagonismo nas últimas três décadas, permanecem ou se mantêm à espreita, devido ao seu componente social. O Sars-CoV-2, esse invisível e poderoso inimigo, como a encarnação atual da besta, não será nossa última epidemia. Permito-me usar o *finis opera* de Thomas Mann, ao se despedir de seu personagem maior partindo do sanatório para a guerra: "Esperamos que esse advento não escape de nossa visão, no tumulto, na chuva, no crepúsculo, no horizonte de um novo renascimento."

17 / O QUE PASTEUR PENSARIA DE HOJE

28 de julho de 2020

Pensar à luz do momento grave em que vivemos, em meio ao imenso número de questões que nos desafiam, sobretudo com olhar prospectivo num porvir que nos é ambíguo, entre voltar à velha normalidade com seus encantos e horrores ou lutar por um genuíno novo tempo, nos traz de pronto a lembrança de cientistas excepcionais que marcaram os últimos séculos. Entre eles está Louis Pasteur, esse genial aventureiro da ciência no século XIX, fundador do instituto que leva o seu nome na França, cujas descobertas nos legaram tantas contribuições úteis até os nossos dias. Dono de uma personalidade enigmática, teve uma trajetória atípica para a sua época, visto que, saindo de seu trabalho modesto em curtumes, onde descobriu sua aptidão para a química e a física, chegou ao cume do reconhecimento, sendo recebido nas academias francesas de medicina e de ciências. Com uma vida marcada por dramas pessoais e um destino implacável, vencendo sucessivamente as perdas de seus mais próximos, inclusive de três filhas, duas por febre tifoide, e sofrendo uma hemiplegia aos 46 anos, manteve a fleuma, a chama da curiosidade, a grandeza de espírito e a racionalidade em seu permanente compromisso com a ciência.

Descobridor da vacina antirrábica em 1885, Pasteur demonstrou que muitas doenças eram efetivamente causadas pela contaminação por microrganismos. Entendendo os mecanismos da transmissão infecciosa, também enfatizou a necessidade de melhorias nas práticas hospitalares, como a limpeza das mãos e a esterilização de materiais e equipamentos. Veria, sem dúvida, com otimismo, a perspectiva de controle da presente pandemia com o acesso às vacinas eficazes, que são, hoje, mais do que qualquer fármaco, a grande arma contra as doenças virais.

Sabemos que todas as vacinas devem cumprir as mesmas fases de ensaios clínicos controlados, com número válido de participantes e protocolos aprovados eticamente. Com a pandemia, verifica-se uma sinalização positiva por parte das agências regulatórias, com cuidadosa aceitação dos resultados das fases 1 e 2 e preliminares da fase 3, estes com evidências de eficácia e segurança. Com isso, pode-se, potencialmente, obter aprovação e registro regulatório para uso emergencial visando ao enfrentamento da epidemia. Vale dizer que as vacinas mais promissoras em teste se valeram de resultados anteriores de pesquisas desenvolvidas há anos para outros coronavírus, como os da Sars e da Mers, o que propiciou a aceleração de testes no momento atual.

Em relação à variação de sintomas causados por diferentes cepas de coronavírus, conforme divulgado por estudo recente do King's College, na Inglaterra, podemos dizer que isso ocorre mesmo entre vírus de RNA[9]; porém, as taxas de mutação do Sars-CoV-2 são sabidamente muito baixas, até evitáveis, e sobretudo em termos de impacto vacinal o que dará resposta quanto à efetividade das novas vacinas será a farmacovigilância a ser implementada, como é rotina no Brasil para todos os produtos de uso humano. Vale lembrar, como sob o olhar atento de Louis Pasteur, "aquele cuja glória terá conquistado o mundo sem custar uma só lágrima à humanidade", segundo seu filho espiritual, o biólogo Émile Duclaux, que toda a comunidade científica do planeta e a sociedade civil estarão atentas a esses resultados.

9/ *O vírus de RNA (ou ARN, em português) é uma molécula que permanece no organismo humano por poucas horas, apenas para cumprir sua função, a exemplo das vacinas, que transportam para dentro das células instruções do RNA para combater doenças.*

18 / VACINA BCG E O TEMPO DA COVID-19

4 de agosto de 2020

Há uma bela história de sucesso com tratamentos medicamentosos para viroses crônicas, como hepatite C e aids, e, em contrapartida, um histórico fracasso em relação a vacinas contra elas. Por outro lado, para as viroses agudas, a melhor solução demonstrada, sem dúvida, são as vacinas, e isso é o que fez a diferença na morbimortalidade no último século, aí compondo como exemplos a febre amarela, o sarampo e, sobretudo, as viroses comuns da infância.

A vacina Bacilo de Calmette e Guérin (BCG) tem o nome de seus criadores, seguidores do grande Louis Pasteur. Foi introduzida no Brasil em 1920 por uma doação do instituto Pasteur de Lille. Usada para a prevenção de formas graves e disseminadas de tuberculose, estima-se que ela confira uma proteção de 80%. Até o fim da década de 1960 foi aplicada em formulação oral, e posteriormente por via intradérmica. Por força de normativa do Ministério da Saúde, tornou-se obrigatória para todo recém-nascido com mais de 2 quilos a partir de 1976, e faz parte do Programa Nacional de Imunizações (PNI) do SUS. Produzida pela Fundação Ataulpho de Paiva até 2017, foi reconhecida como vacina de referência pela Organização Mundial da Saúde, inclusive pela baixa taxa de efeitos adversos que produz, comparada com outras. Teve, porém, sua linha de produção regular interrompida temporariamente entre 2019 e 2020 para ajustes de não conformidades às normas de fabricação, período em que se está usando no país uma vacina BCG proveniente da Índia. Até então, o Brasil imunizara mais de 95% com uma cepa única chamada BCG Moreau Rio de Janeiro, e até hoje mais de 100 milhões de pessoas já foram vacinadas com a BCG no país.

A BCG é usada também para o tratamento local do câncer superficial de bexiga. Exatamente por conta de seu papel importante como modulador do sistema imunológico, tem sido estudada em diversas situações ligadas à imunidade celular; na presente pandemia pela Covid-19 revelou sua nova capacidade como uma vacina que poderia ensinar o sistema imunológico humano a prevenir ou amenizar a infecção pelo Sars-Cov-2. Estudos têm sido publicados comparando-se casos e mortes em países que não têm políticas de vacinação com BCG (como Estados Unidos, Itália e Líbano), em países que aplicavam a vacina e interromperam a prática (como China, Irlanda, França, Finlândia), e em países que a utilizam regularmente, caso do Brasil. Fatores culturais, étnicos e outros que possam criar vieses de análise devem ser considerados nessas observações.

A hipótese primária levantada é a de que a vacinação com BCG seria capaz de predizer o achatamento da curva de disseminação da Covid-19 nos países que a aplicam como norma, e ter um efeito benéfico ou protetor de agravamento em profissionais de saúde. Em meio às indagações relativas à progressão do novo coronavírus no mundo, pesquisas aceleradas cogitam ainda se há uma relação direta entre a vacinação BCG mandatória e a redução nos casos da doença, como recentemente relatado em estudo da Universidade de Michigan. Aguardemos os resultados das pesquisas prospectivas que ora se iniciam, inclusive no Brasil. Não há, portanto, até o momento, justificativa alguma para que adolescentes, adultos ou idosos procurem receber vacina BCG com o objetivo de se prevenir contra a presente epidemia.

Neste grave momento em que vivemos, tendo a empatia como pano de fundo e o bem comum como fim, só cabe a melhor racionalidade, sem falsas esperanças ou apostas especulativas. Em que pesem suas razões para a cautela nas conclusões, a ciência continuará a fazer a sua parte.

19 / LUTO, ESPERANÇA E UTOPIA

11 de agosto de 2020

Nesses dias em que o luto entre nós se agudiza, e que sentimos a morte de Dom Pedro Casaldáliga, esse catalão, santo e profeta, que aos quarenta anos abraçou o Brasil profundo como a sua definitiva *tierra de los hombres*, somos tomados pelo que ele chamaria simbolicamente de quebra da esperança, a que não pode haver. Frente aos 100 mil mortos pela Covid-19 no país, na construção ou desconstrução do horror, ainda teremos que disciplinar nosso imaginário para consolidar registros de memória desse luto coletivo gerado pela pandemia, por tantas vidas perdidas e pela absoluta insensibilidade dos poderes vigentes diante de números, taxas, curvas e gráficos, olhados por vezes como charges, e não como o retrato de uma realidade que poderia ter sido pelo menos amenizada.

Quando pensamos em grandes líderes na humanidade que choraram diante da vitória ou da derrota, não por elas *per se*, mas por seus mortos, com a dor do irrevogável, entendemos a história. Como Alexandre, o Grande, que viu suas inexpugnáveis falanges se desmontarem e os 12 mil mortos em sua batalha para atravessar a cordilheira de Indocuche, flechado no pulmão, mas lúcido e com grandeza para chorar; ou a comoção de Churchill e Roosevelt vendo os 4.400 soldados mortos na praia de Omaha na Normandia, ou Barack Obama, ao se referir às crianças mortas no massacre da escola de Sandy Hook, em Connecticut, ou ainda, o papa Francisco ao visitar Auschwitz.

Estamos, neste momento, processando novas inquirições científicas que poderiam explicar a variação de comportamento da pandemia em diferentes lugares do planeta, como tipos sanguíneos e variantes genéticas ligadas ao gênero masculino relacionados à severidade da doença, independentemente de condições preexistentes, fatores ecológicos ou étnicos que justificariam o controle da doença em regiões onde não se aplicaram boas taxas de distanciamento social (como no Norte do país), a própria patogênese da Covid-19 e suas sequelas, a eficácia das vacinas e quanto poderão conferir de imunidade, e até se abraços, esse gesto que tanta falta nos faz, podem ser reincorporados à vida social sem risco para as pessoas. Pouco importa que órgãos como o Imperial College de Londres tenham feito estimativas superestimadas ou supostamente dramatizadas para o Brasil; a ciência biomédica, inexata por princípio, comporta retratações. Nesse sentido, o que importa é o resultado diante dessa doença altamente transmissível e muitas vezes letal, o desfecho de milhares de vidas salvas e de pacientes recuperados pelo esforço e o compromisso de profissionais de saúde e de pesquisadores e cientistas – os que não foram embora do país e puderam mostrar a enorme capacidade de trabalho e de criação nacionais.

Entre o nosso desassossego por tantas questões a serem respondidas em relação a essa epidemia nova – e a outras que prenuncia – e a nossa inquietação, a nutrir a utopia como indispensável tábua de salvação neste momento, lembramos que "não há nada mais visível do que o oculto", como disse, com sua inquebrantável sabedoria, e mais atual que nunca, Confúcio, há mais de 2.500 anos. Modestamente, eu diria que nada é mais grotesco do que o óbvio.

20 / CERCAS NÃO SÃO VIGILÂNCIA

18 de agosto de 2020

A Grécia Antiga foi decerto o berço de muitos fatos históricos políticos, filosóficos e científicos, e, pode-se dizer, também médicos. No século v a.C. deu-se a transição entre a medicina arcaica, mágica, religiosa, para uma medicina racional, baseada na observação, no que hoje definiríamos como semiologia e evidências científicas. Hipócrates de Cós é o grande marco do *lógos* desse período.

A história nos ensina permanente e compulsoriamente, em particular no que se refere às epidemias que marcam a trajetória da humanidade. Procópio de Cesareia, considerado o historiador bizantino mais importante, já dizia, no século vi, que "as pestes ultrapassam a razão humana" com uma tal perspicácia epidemiológica que "não encontramos um meio de prevenir a invasão da doença, não sabemos por que caímos enfermos ou por que nos curamos". É como se ele falasse das epidemias de vírus respiratórios ocorridas no último século, algumas que desapareceram, como a Sars ou a Mers, e aquelas que, ainda que pandêmicas, como a gripe pelo vírus *influenza* (a espanhola), igualmente desapareceram, e outras ainda, que, como a presente, podem evoluir com permanência endêmica.

A partir de certas medidas a que temos assistido, diante da tragédia que nos assola com a Covid-19, suas mortes e suas incertezas, vemos o quanto várias dessas máximas milenares são atuais. Mas nem tudo é aprendizado. Perplexos, ouvimos que seriam colocadas cercas demarcando lugares nas areias de nossas praias, o nosso mais genuinamente democrático espaço urbano, objetivando controlar a transmissão da epidemia. Além de violar nossa cultura gregária, o patético que reveste uma medida inócua dessa natureza, que felizmente não se materializou, frente a tantos desafios da nossa saúde pública a serem resolvidos, fere qualquer bom senso.

Tudo é resgate e criação. Os hábitos incorporados e os símbolos de controles sanitários, alguns milenares, são fortes e vão se transformando na evolução, hoje compondo um conjunto de medidas abrangentes denominado vigilância sanitária, tendo em vista o controle de transmissão e o uso de procedimentos normativos que regem o funcionamento dos serviços de saúde. Das pestes do medievo ficaram as imagens registradas nos relatos das cruzes pintadas que lacravam de modo definitivo as casas, sendo a medida de controle sanitário possível e racional da época, bem como as vestimentas que foram os EPIS (Equipamentos de Proteção Individual) de então: túnicas negras com máscaras bizarras de olhos arregalados e narizes longos para atenuar os odores da pestilência. Medidas em diversos níveis, seja de estados ou municípios, controlando a disseminação das doenças através dos deslocamentos de pessoas e mercadorias; uso de quarentenas, seja um certificado de saúde e higiene urbana, vão se aprimorando através do tempo.

Hoje observamos grandes manifestações tradicionais, como o *haji* (peregrinação a Meca), que todo muçulmano deve fazer pelo menos uma vez na vida e que reúne milhões de peregrinos todos os anos, sendo autorizadas com o devido distanciamento e com apenas algumas centenas de fiéis ao mesmo tempo; igrejas se reorganizando em seus espaços, no sentido de reduzir o risco de transmissão, e voltando a acolher, com o cuidado e o compromisso de retroceder, caso se revelem contaminações; escolas e espaços públicos protelando, corretamente, suas reaberturas, em busca de maior segurança para os usuários. Os próximos meses devem nos trazer arrefecimento da epidemia e imunidade comunitária, porém, os cuidados individuais de higiene e o uso de máscaras permanecerão incorporados ao nosso cotidiano por muito tempo.

21 / EPIDEMIA E "VITÓRIA DE PIRRO"

25 de agosto de 2020

Na mesma velocidade com que surgem informações científicas sobre o novo coronavírus e a pandemia em todo o mundo, emergem interrogantes que desafiam cientistas e autoridades sanitárias. Em meio a promissoras descobertas, observam-se o desvendamento completo do genoma do Sars-CoV-2, abrindo caminho para vacinas seguras e eficazes, o uso de soros humano ou equino – como recentemente descrito por autores brasileiros – para transferência de anticorpos, modalidades de tratamento de pacientes graves otimizando o *timing* de medidas, algumas já conhecidas, como a pronação,[10] antes apenas aplicada em pacientes sedados, e hoje, também nos acordados, inclusive com manejo de autopronação, sem contar as técnicas de sedação que deixaram de ser radicais, tornando-se mais leves. Além disso, implementou-se o uso de anticoagulação customizada, de corticosteroides, anti-inflamatórios biológicos e, sobretudo, de métodos mais conservadores de ventilação não invasiva, com máquina de alto fluxo de oxigênio, visando evitar a intubação precoce. Esse procedimento, adotado por todos no início da epidemia, foi revisto e compõe esse conjunto de medidas que resultou em significante redução de letalidade de pacientes internados devido à doença.

Entre as grandes questões a elucidar, está ainda o papel das crianças na epidemia, basicamente pela presumida menor morbidade nessa faixa etária. Recentes informações sobre menores de dez anos e sua capacidade de albergar vírus e ter alta taxa de replicação viral não explicam seu papel na transmissão para adultos, instando todos a pensar e repensar a abertura de escolas, conforme estudo recentemente publicado pela Universidade Harvard.

10/ *Técnica em que pacientes de leitos clínicos ou UTIs são posicionados "de barriga para baixo", o que torna a ventilação dos pulmões mais homogênea e facilita a respiração.*

Modelos de análise computacional e de inteligência artificial utilizando algoritmos de *machine learning* (aprendizado de máquina) para validar dados sobre a Covid-19 em nível nacional, como há pouco tempo mostrados pelos professores Nívio Ziviani e Adriano Veloso, da Universidade Federal de Minas Gerais (UFMG), podem produzir resultados úteis, somados aos estudos de tendências e curvas de contaminações e mortes no país. As técnicas de explicação do modelo por eles criado, usando dados referentes a 99% dos óbitos pela doença em todo o mundo e no conjunto de validação, incluem dados do país analisado e revelam os principais fatores que determinam a velocidade e a aceleração da taxa de mortes. "A velocidade é explicada principalmente por fatores relacionados a questões de desigualdade social, problemas de urbanização e comorbidades típicas. Já a aceleração é explicada pelos efeitos das medidas de saúde pública adotadas ou pela falta delas."

O lado original do estudo é a capacidade de combinar dados associados a diversas disciplinas, o que permite uma visão multidisciplinar e singular do fenômeno Covid-19, auxiliando epidemiologistas e formuladores de políticas de saúde. Parece tão simples, e é, de fato, que precisamos de modelos claros e simples para explicar a complexa diversidade de comportamento da epidemia no Brasil, até porque, no momento, não é com uma segunda onda que devemos nos preocupar, e sim com o atual aumento de casos e de mortes em algumas áreas urbanas após a reabertura de serviços e o aumento da mobilidade social.

Cientes de que as epidemias, em especial as viroses, acompanham a evolução do homem, viver num mundo dito natural, isento de germes ou de vírus, é coisa tão profundamente impensável quanto seria sem sentido almejá-lo assim. Nossa esperança é de que os vírus, como veículos transportadores de informações genéticas, possam nos auxiliar a melhor compreender a história do homem e sua diversidade. E, acima de tudo, que o conjunto de aprendizado da presente pandemia, suas conquistas e prospectiva de controle, com vacinas, tratamentos e prevenção, não se transforme em vitória de Pirro[11] apenas, pelo preço demasiadamente alto pago por vidas humanas.

11/ *Pirro (318 a.C.-272 a.C.), rei de Épiro na Grécia Antiga e opositor do Império Romano, deixou famosa a expressão após a Batalha de Ásculo, que expressa a ideia de que, certas vezes, os custos da conquista superam o benefício da vitória.*

22 / CONEXÃO SAÚDE E NOVO VOLUNTARIADO

1 de setembro de 2020

Após seis meses de epidemia no Brasil, com a particular situação do Rio de Janeiro, suas contradições entre, de um lado, uma política sanitária incoerente com a magnitude epidemiológica, e, do outro, a desigualdade social desnudada de maneira obscena, o cenário se agrava quando observamos comportamentos negacionistas, inclusive por parte de grupos da população se expondo a riscos desnecessários, como se estivéssemos vivendo num grotesco *Ensaio sobre a cegueira* de José Saramago. No entanto, nos estimula a grande expressão e o compromisso público da comunidade científica, ao dar as mãos às extraordinárias atuações de lideranças comunitárias em iniciativas de impacto, criando uma cultura do voluntariado e de atuação público-privada em nosso meio. O Complexo da Maré, no Rio de Janeiro, engloba dezesseis comunidades que, somadas à comunidade de Manguinhos, reúnem quase 190 mil pessoas que hoje experimentam um modelo inovador de combate à pandemia em favelas.

É nesse contexto e sob essa complexa realidade social que o projeto Conexão Saúde da Fiocruz, em colaboração com outras iniciativas, opera um sistema integrado às comunidades da Maré e de Manguinhos, oferecendo testagem ampla para Covid-19 da população local, com equipe qualificada para coleta, controle de contatos e orientação. Os resultados dos exames saem em dois dias por um aplicativo em celular ou são entregues pessoalmente. Colaboram nessa grande parceria: Saúde, Alegria e Sustentabilidade Brasil (SAS Brasil), responsável pela equipe de saúde que integra a telemedicina com uma rede de mais de setenta médicos de treze especialidades, incluindo psicólogos, que atendem utilizando seu sistema próprio com videochamadas e prontuários eletrônicos; Dados do Bem, um aplicativo desenvolvido pelo Instituto D'Or de Pesquisa e Ensino (Idor) que funciona como uma das portas de entrada das pessoas a propostas de Vigilância Ativa (VA)[12], fornecendo um mapa da distribuição do vírus e dados estratégicos para auxiliar, inclusive autoridades, na tomada de decisões; União Rio, um movimento voluntário da sociedade civil que une pessoas e organizações na tentativa de reduzir os impactos da epidemia no estado e que já viabilizou a instalação de 370 leitos hospitalares e a distribuição de mais de 1 milhão de Equipamentos de Proteção Individuais (EPIS) a profissionais de saúde, além de doações de cestas de alimentos e produtos de higiene para mais de 250 mil famílias; Redes da Maré, que, com mais de vinte anos de atuação no território, tem estratégico papel na articulação, mobilização e divulgação das atividades entre a população moradora, facilitando o acesso aos serviços oferecidos. Além disso, o projeto monitora os casos suspeitos de Covid-19 e publica os dados semanalmente no boletim *De olho no corona*, sempre com análises cuidadosas dos impactos locais da epidemia.

O Conselho Comunitário de Manguinhos (CCM) é composto por representantes de grupos sociais reconhecidos pelos moradores, com atuação econômica, social e cultural nas comunidades que compõem o chamado "território ampliado de Manguinhos". Atua, assim, contribuindo para o desenvolvimento sustentável da região ao promover o diálogo entre moradores, instituições privadas, governamentais e sociocomunitárias. Ver de perto essas experiências, ao vivo e nas cores locais, nos dá mais do que esperança. Apesar da vocação trágica do Rio de Janeiro e de seus protagonistas governantes, essas iniciativas são a certeza de que é possível implementar uma cultura de nova qualidade entre os que mais têm e os que nada têm.

12/ *Método de acompanhamento de doenças por meio de estudos observacionais, frequentes consultas, exames e testes que, monitorados por um profissional de saúde, são capazes de diagnosticar e/ou tratar doenças como a Covid-19, propiciando tratamento ou encaminhamento adequados e contribuindo para o controle da disseminação do vírus.*

23 / O NOVO E O VELHO NEGACIONISMO

8 de setembro de 2020

"E aqueles que foram vistos dançando foram julgados insanos por aqueles que não podiam escutar a música."
Friedrich Nietzsche

O negacionismo não é fenômeno novo na história nem na ciência. Quando vemos comportamentos controversos, como a recusa ao uso de máscaras como proteção individual e coletiva, remetemo-nos a vários exemplos anteriores, como o de um século atrás, quando teve lugar a chamada Liga Antimáscara durante a epidemia de *influenza* da gripe espanhola, que ceifou milhares de vidas no Brasil, criando cenas de corpos na rua e falta de coveiros, como descreveu magistralmente o nosso memorialista médico Pedro Nava em *Chão de ferro*. Se quisermos ainda traçar um paralelo de negação coletiva, voltemos à Revolta da Vacina, motim popular ocorrido em 1904 no Rio de Janeiro, então capital do país, desencadeado pela publicação de um projeto de regulamentação de aplicação da vacina obrigatória contra a varíola pelo grande tirocínio epidemiológico e sanitário de Oswaldo Cruz – então nomeado diretor-geral de Saúde Pública –, diante das condições precaríssimas de saneamento da cidade que propiciavam a proliferação de doenças como a varíola, a febre amarela e a peste bubônica, principalmente nas áreas mais pobres. A medida sanitária somava-se naquele momento a outras tomadas pelo prefeito, o engenheiro Pereira Passos, que investiam no saneamento local.

Os seguidores do positivismo, doutrina que prosperou tanto por aqui entre o fim do século XIX e o começo do XX e influenciou fortemente a ciência, chegando a questionar a existência de escolas médicas, não acreditavam em micróbios. Havia os médicos positivistas e os não positivistas, e isso gerou debates antológicos no Brasil e na

Europa. Epidemias podem extrapolar o campo sanitário e emergir na cena política, assim, a obrigatoriedade de uma vacinação foi recebida, em nosso contexto histórico, como um atentado à liberdade.

No entanto, hoje sabemos que há um indiscutível equívoco na reivindicação individual de liberdade de escolha em contraponto à coletiva e na negação do que sejam medidas de proteção da coletividade, sobretudo em momentos epidêmicos, nos quais se exigem firmeza e coerência, harmonia entre a ciência e os poderes administrativos e, sobretudo, confiança nas autoridades.

Nesse sentido, é um belo exemplo a estratégia de isolamento social adotada com convicção pelos governadores, os poderosos Viscontis, duques de Milão, na grande peste bubônica de 1478, quando, ao ouvirem falar da aproximação da epidemia, criaram um verdadeiro cinturão na cidade composto por cidadãos, médicos, apotecários e até aristocratas. Milão foi, consequentemente, uma das regiões menos atingidas naquele momento, diferentemente do que ocorreu na presente pandemia, com a devastada Lombardia.

Mais do que ambivalência, outro tipo de negacionismo é o ressuscitamento extemporâneo de considerações sobre os efeitos da cloroquina ao se levantar a possibilidade de ter havido má interpretação nos resultados de todos os estudos realizados, com críticas mesmo às pesquisas bem conduzidas e cujos desfechos revelaram ausência de efeito benéfico em qualquer fase da doença ou para a prevenção de seu agravamento. Nietzsche, uma vez mais, tem razão, quando afirma que "resolver tapar os ouvidos aos mais válidos argumentos contrários pode revelar caráter forte, porém igualmente pode significar a vontade levada até a estupidez".

24 / COVID-19 E SEUS ENIGMAS

15 de setembro de 2020

Diante do registro de cerca de 29 milhões de casos, 918 mil mortes e 308 mil novos casos em 24 horas, conforme divulgado pela Organização Mundial da Saúde (OMS), e tendo o Brasil ultrapassado vários países em nossa pesada carga epidemiológica, presenciamos mais um fim de semana de grandes aglomerações a partir de aberturas autorizadas pelas prefeituras, baseadas em modelos teóricos que, sujeitos a análises realistas das taxas de transmissibilidade regional e local, não as recomendariam. Presenciamos uma vez mais esse comportamento coletivo, difícil de definir ou adjetivar, que lotou praias e balneários, bares e áreas de lazer, escancarando o negacionismo ao qual muitos de nós já aludimos em manifestações jornalísticas, científicas e médicas, inclusive.

Contrariamente ao que se costuma definir como modelos normativos, seres humanos fogem do padrão racional sobretudo diante de situações ameaçadoras. Sabemos que a experiência do tempo é a da irreversibilidade, que exclui qualquer repetição. Até na ciência, onde experimentos, para serem adequadamente demonstrados, têm que ser repetidos muitas vezes, não se está imune ao erro sistemático. Porém, mesmo diante de uma hipótese científica, cada instante é único e não volta jamais. Na esfera pessoal, é isso que nos confronta com a solidão, que nada mais é do que o resgate das nossas próprias vidas – ou o cansaço de vivê-las em face do impossível ou do quase inalcançável, esperado há tanto tempo. A lucidez e o paradoxo são perturbadores, e nessa dialética temos a impressão de que, nesse período epidêmico, estamos longe de encontrar uma confortável harmonia entre a informação verdadeira, porquanto demonstrada, e a sua absorção social como tal.

Permanecem intrigantes as indagações do meio científico, com pouco impacto na opinião pública até agora, possivelmente suplantadas pelos vieses cognitivos que levam à negação da pandemia. Entre essas indagações, está a tão presente pergunta sobre a reinfecção da doença. Não está provado haver reinfecção em curados, além do caso de Hong Kong, no qual se revelou que a pessoa, um homem jovem, efetivamente se contaminara com um genoma viral da China e outro europeu porque viajara à Espanha. O estudo seminal da revista *Nature* descrevendo que a imunidade em assintomáticos duraria no máximo três meses, favorecendo a reinfecção, mostra-se consistente em relação aos casos recentemente descritos e sob análise, inclusive no Brasil. A velocidade com a qual vimos gerando conhecimento e respostas certamente nos ajudará nesse sentido.

Outras questões sobre as quais se debruçam grupos de pesquisadores de excelência dizem respeito a alternativas terapêuticas para a doença, em suas diferentes fases de evolução. Estudos clínicos adequados e controlados vão, em breve, responder de modo definitivo sobre a utilidade ou não de vários fármacos candidatos ao tratamento da Covid-19. Entretanto, esse tempo necessário à geração das chamadas evidências de boa qualidade segue revelando ainda o uso inadequado e sem sentido dos diversos medicamentos que vêm sendo oferecidos quase compulsoriamente a milhares de pessoas no Brasil sob pretexto de "tratamento precoce", em embalagens que denominamos "saquinhos da ilusão", e que, seguramente, em ano de eleições municipais, poderão auxiliar objetivos políticos nada recomendáveis.

25 / PANDEMIA E PARADOXOS

22 de setembro de 2020

Semana densa de acontecimentos e registros dramáticos: enquanto arde o Pantanal e vemos nossa fauna e flora se estiolarem, doenças respiratórias emergirem pela exposição ambiental e o lamentável protagonismo brasileiro no quadro da destruição ecológica, acompanhamos o número de casos de Covid-19 voltar a aumentar em várias cidades do país, traduzindo comportamentos coletivos pouco civilizados e medidas administrativas equívocas. Também foram divulgados os dados do Instituto Brasileiro de Geografia e Estatística (IBGE), que revelam o aumento da pobreza e da fome no país, o que não pensávamos mais que pudesse acontecer, a despeito da iníqua concentração de renda no Brasil. Em meio a tantas mortes em nosso país e no cenário mundial, desaparece a figura icônica da juíza Ruth Bader Ginsburg, da Corte norte-americana, essa mulher pequenina e gigante de princípios e coerência, exemplo inspirador para todos nós, seus contemporâneos e legatários.

Por outro lado, surpreende-nos favoravelmente ver projetadas, como grandes anúncios veiculados em *outdoors* eletrônicos pela Nasdaq[13] na Times Square, mensagens positivas e carregadas de otimismo no lugar de taxas e índices. Assim, nós nos retroalimentamos com a velha, mas vigorosa esperança de que dias melhores virão.

Celebramos os trinta anos do SUS, nossa mais poderosa arma no combate à presente epidemia. Mesmo havendo entrado nela combalido, subfinanciado e, em muitas regiões, desmantelado em sua essência, o SUS mostrou sua força e resolubilidade, respondendo à maior parte da demanda gerada nestes últimos meses. O maior pro-

13/ *Índice da Bolsa de Valores de Nova York.*

grama de saúde pública do mundo, equânime e de acesso universal, resiste em sua capilaridade e reconhecimento pela sociedade civil, que neste momento testemunhou seu desempenho.

Outra boa nova: após dias de inquietude pela hesitação, o Brasil finalmente assina e entra na Iniciativa Covax, coordenada pela OMS e liderada pela Aliança Global de Vacinação (Gavi) – essa extraordinária organização internacional criada em 2000 com o objetivo de propiciar vacinas para crianças e vulneráveis nos países mais pobres. Vale dizer que sem organizações de proteção como essa, que não privilegia ninguém, países pobres ficariam à mercê dos mais ricos, que poderiam adquirir toda a produção de vacinas em prioridade. A partir de um aporte financeiro inicial dos países comprometidos, assegura-se que todos terão acesso às suas doses a um custo estimado muito abaixo do que encontrariam no mercado convencional.

Historicamente, vacinas são a melhor solução de prevenção de doenças virais. Sabedores que o Sars-CoV-2 parece ser um vírus padrão que provoca resposta imune de anticorpos e celular em seres humanos e animais, o que é muito bom para vacinas, esperamos, na plêiade de vacinas que concorrem neste momento, das quais nove estão em fase 3, aquela final de experimentação para efetividade e segurança antes do registro regulatório e aplicação clínica.

Hannah Arendt nos diz, na força de seu pensamento, que "os homens não nasceram para morrer, mas para inventar". Assim, nessa tessitura complexa, desigual e duríssima, nutrimos ainda uma expectativa de sairmos deste momento para um novo renascimento, no supremo controle dos destinos da humanidade.

26 / VÍRUS, PRAZERES E DESCOBERTAS

29 de setembro de 2020

O século XX culminou não apenas com a erradicação de muitas doenças e o controle de outras, além de uma certeza subliminar de que poderíamos vencer a morte, mas também com a inquietude de que o bioterrorismo e as epidemias poderiam pôr em risco a vida no planeta. Todos nos perguntamos como ficará o registro de memória deste tempo pandêmico em nossas vidas. Multiplicam-se informações e artigos científicos em proporção geométrica, a revelar o esforço mundial em busca de um tratamento eficaz para as diversas formas de Covid-19 e suas sequelas, bem como de vacinas. Com cerca de duzentos projetos em pesquisa no mundo e nove em fase 3 de aplicação, inclusive no Brasil, já sabemos que existem várias vacinas possíveis e eficazes – ainda que com taxa de proteção modesta, mas suficientemente boa, se somada à imunidade comunitária – e que grande parte da população será contemplada.

Estamos, como nunca – médicos, cientistas, pesquisadores –, mais próximos da sociedade civil, numa espécie de humanização compulsória do nosso "que fazer". Recebemos com prazer muitas demandas de esclarecimento, inclusive de ligas de estudantes de medicina, para nos ouvir e dialogar sobre o que está acontecendo, o que é o impacto de uma pandemia – algo impensado pelas novas gerações –, seu prognóstico e uma compreensão verdadeira do papel transformador deste momento. No Brasil perdemos preciosos cérebros na área científica por eles não encontrarem aqui condições adequadas de trabalho; porém, percebemos que, exceto no início da epidemia, quando muitas vezes tivemos que nos valer da experiência e até da improvisação pessoal pelo desafio do novo, houve uma união de esforços coletivos, generosa e eficiente por parte da comunidade científica.

É notável a participação brasileira em estudos multicêntricos em colaboração internacional, bem como em publicações de experiências nacionais. Sim, cometemos erros de governança e até de comunicação, confrontamos teorias conspiratórias no que se refere à magnitude da pandemia e às medidas de controle, e, com sabedoria, devemos reconhecê-los e superá-los. Se, por um lado, procuramos entender ou encontrar uma explicação lógica para o comportamento coletivo, observado em diferentes lugares, que leva às aglomerações e festas, contrariando o recomendado para a contenção da epidemia, por outro, reagimos ao momento com sabedoria e até compaixão.

Ao contrário de tudo o que sabemos no atual estágio do conhecimento, no medievo os médicos ignoravam a natureza da peste e, sobretudo, a sua transmissão do rato para o homem e do homem ao outro pela pulga. O corrompimento do ar por supostos fenômenos celestes, como conjunção de planetas, aparecimento de cometas e outros eventos telúricos, era defendido como relação de causa-efeito, mas essa ideia foi desvanecendo por força das descobertas extraordinárias dos últimos séculos. O terceiro milênio, cuja aurora se recompõe na paisagem humana com a presente pandemia, muda rostos, ritmo de vida, cidades, sons e percepções, muda a política e, em última análise, a ciência, essa vencedora, mesmo com todas as cicatrizes. É propício, em tempo de Yom Kipur[14], o que diz o Velho Testamento em Salmos: "Ensina-nos a usar os nossos dias a fim de alcançar um coração sábio."

14/ *Traduzido do hebraico, "Dia do Perdão", data celebrada pela comunidade judaica com orações, jejum e reflexões acerca do arrependimento e da confissão de erros.*

27 / DIAS D, DIAS C E CIRCUNSTÂNCIA

6 de outubro de 2020

Dias D, na história, são tradicionalmente a celebração de algo muito bom ou muito marcante, pelo fato em si ou pela carga de símbolos que carregam e pela memória que geram para a posteridade. Assim nos referimos, com as devidas proporções, ao desembarque dos aliados na Normandia, à feliz perplexidade de Fleming ao descobrir que do fungo *penicillium* nascia o primeiro dos antibióticos, ao momento em que o astronauta Neil Armstrong deixou seu passo marcado no solo da Lua, ou quando Françoise Barré-Sinoussi compartilhou a descoberta do vírus da aids.

Ortega y Gasset é preciso em seu aforisma: "Eu sou eu e minha circunstância." O frustrado Dia D anunciado pelo Ministério da Saúde poderia ter sido um alentador anúncio do estado da arte dos ensaios da vacina, várias em fase 3 de desenvolvimento, e do louvável protagonismo do Brasil nesse domínio, caso não houvesse sido previsto como uma divulgação, hoje já completamente extemporânea, de protocolos ou "kits de tratamento precoce" que não encontram suporte algum na literatura científica.

É paradigmático que o homem mais poderoso do mundo, Donald Trump, que embarcara em retórica semelhante quanto ao uso da cloroquina como remédio – inclusive com produção em larga escala até o medicamento ser contraindicado pelo Food and Drug Administration (FDA), órgão regulatório norte-americano –, não a tenha usado em seu tratamento, agora que está infectado pela Covid-19. Ao contrário, ele vem sendo tratado em regime de excepcionalidade, com medicamentos não aprovados, salvo para casos graves, de acordo com os boletins divulgados.

Ao Dia D, ocorreu como contraponto o evento Dia C de Conscientização da Covid-19, promovido pelo Instituto Questão de Ciência (IQC), do qual tivemos o privilégio de participar e que reuniu vários médicos e cientistas em um painel com a presença de sete ex-ministros da Saúde. O objetivo foi interagir com o público e passar informações atualizadas sobre a pandemia e seu agente, seus mecanismos de causar doença, as medidas de proteção eficazes, como o uso de máscaras, sua situação epidemiológica atual e prognóstico, seu tratamento, sequelas e vacinas. Foi consensual o papel estratégico do SUS como arma poderosa de enfrentamento, quer por sua capilaridade e alcance no país, quer pelo risco inerente ao seu financiamento com a eventual aprovação da emenda do teto de gastos, ora em discussão.[15]

Observa-se um recrudescimento da doença na Europa, caracterizando uma segunda onda, visto que ocorre um incremento de casos, internações e mortes que superam em 50% o estágio anteriormente alcançado. Embora não se possa considerar o mesmo fenômeno no Brasil, porquanto decrescemos muito lentamente de um platô alto em grandes cidades no país, pode-se considerar a possibilidade. Fica claro que não se pode explicar a trajetória da epidemia globalmente apenas por tradicionais modelos epidemiológicos determinísticos, nos quais a distribuição linear de casos de ontem permitiria a previsibilidade de resultados amanhã. Ao contrário, talvez modelos estocásticos, com algoritmos e probabilidades, que levem em conta principalmente o papel dos casos chamados "superespalhadores", capazes de infectar muitas pessoas ao mesmo tempo, possam dar explicações mais plausíveis a partir do conhecimento atual.

15/ *No segundo semestre de 2020, o governo estudava manter vigente a Emenda Constitucional nº 95. Em vigor desde 2016, permitia o congelamento da verba direcionada à educação e ao SUS até 2036. O Estado pretendia, ainda, retirar os ganhos garantidos pelo Congresso para o enfrentamento à pandemia de Covid-19.*

28 / OLHAR PARA A FRENTE E PARA TRÁS

13 de outubro de 2020

É sob a liturgia desse novo cotidiano, no qual se somam tarefas rotineiras às inquietudes de um período que já vai longo, que se compõem esses quase nove meses de epidemia no Brasil. Uma gestação humana temporalmente falando, da qual se esperariam rebentos saudáveis e promissores. Estes são, sem dúvida, pelo menos dois: a aproximação da comunidade acadêmica da sociedade civil, num permanente apelo à consciência crítica; e as iniciativas sociais de grande alcance, que têm sido desenvolvidas com a participação do setor privado em tantas cidades do país, dando-nos a esperança de que se crie uma nova cultura de doação no Brasil. Nessa vertiginosa velocidade do conhecimento, conceitos de "verdadeiro" e "*fake*" se inter-relacionam todo o tempo, de modo quase promíscuo, exigindo um rigor de seleção que só é possível encontrar a partir de uma atenção criteriosa na busca de fontes.

A utopia, essa que jamais poderá ser modesta ou relativa, como a definiu Camus, mais do que se contentar em não querer o mal, tem que querer o bem, tem que celebrar mais do que o realizado, o que é possível, realizável. No caso de médicos e pesquisadores, uma enormidade de artigos científicos e de informações a serem filtradas, interpretadas e nem sempre acreditadas com pragmatismo concreto diante das adversas circunstâncias geraram ilusões sobre tratamentos, por exemplo, mas também algumas belas descobertas, que permanecerão. Desde o icônico símbolo, quase um personagem, que foi o respirador no início da pandemia, usado para salvar vidas oportunamente pelos profissionais e para a retórica política mais iníqua, dando margem às irregularidades que conhecemos, até as vacinas, essa carta de alforria hoje tão idealizada. A intensiva curva de aprendizado propiciada por esses meses resgatou desde as chamadas boas práticas de terapia intensiva, com a valorização de marcadores clínicos e laboratoriais da Covid-19 em suas variadas manifestações, até a certeza de que testar e controlar contatos é a estratégia mais correta para conter a doença, além dos hábitos de proteção, como usar máscaras e reforçar a higiene.

Olhar para trás, portanto, nesta pandemia, é mais do que aprender com as pestes e epidemias do passado ou ansiar por um novo Renascimento, como no século XIV. É saber que cada caso diagnosticado agora exige, além do isolamento, o rastreio do paciente nos últimos sete dias, pelo menos, para a identificação de contatos e a interrupção da cadeia de transmissão, conforme revelado pelos novos estudos de modelo estocástico e algoritmos inteligentes.

Já não nos surpreende pacientes e amigos que nos perguntam sobre a validade ou procedência de estudos e publicações na imprensa leiga ou técnica, demonstrando que nossos alertas podem ser faróis de verdade. A grande escritora Marguerite Yourcenar diz, através de Adriano, em suas *Memórias*: "O verdadeiro lugar de nascimento é aquele em que lançamos um olhar inteligente sobre nós mesmos: minha primeira pátria foi meus livros." Isso nos inspira na espera de que a medicina seja a grande beneficiária de reconhecimento e que a ciência saia vencedora em prol do homem. Que assim seja.

29 / SOBRE MÉDICOS E EMPATIA

20 de outubro de 2020

Costumamos receber cumprimentos pelo Dia do Médico todos os anos em gestos de gratidão de pacientes, reconhecimento de família e amigos, menções a São Lucas, o evangelista médico, orações específicas, citações de grandes médicos do passado e do presente, e assim nos gratificamos em nosso ininterrupto fazimento pessoal e coletivo.

Neste ano, uma doce enxurrada de mensagens, desde as protocolares institucionais, hoje mais calorosas e estimulantes, até as de profunda simpatia entre colegas e pacientes, a reiterar o fato a que já aludimos, aquele de nossa real aproximação com a sociedade neste período de pandemia, quando passamos a ser mais presentes no imaginário dos que nos ouvem, leem ou assistem. É, assim, alentador lembrar a grande antropóloga cultural Margaret Mead, que, ao descrever o que consideraria ser os primórdios da civilização humana, baseou-se no princípio da empatia e do cuidado com o outro, a propósito do achado de um fêmur fraturado e cicatrizado há 15 mil anos. Naquele tempo em que não poder andar seria igual à morte, caso isso ocorresse somente com o socorro de outros pares seria possível sobreviver. Portanto, "ajudar alguém durante a dificuldade é onde começa a civilização de verdade".

Magia, religião e medicina sempre andaram muito próximas, em momentos de paz e de guerra, desde os mais remotos tempos da história do homem, aí se agregando às chamadas medidas terapêuticas empíricas: desde plantas e ervas medicinais e fenômenos naturais como protagonistas de causa-efeito, até ritos religiosos, como medidas curativas ou de conforto. Hoje, na ordem do dia e sem contradição explícita, estão as melhores reflexões sobre o papel da espiritualidade na saúde, inclusive numa saudável e biunívoca relação médico-paciente. A linguagem atual de cuidados paliativos

– o direito à morte digna e o evitar tratamentos não resolutivos que perdurem a vida sem qualidade – resgata os conceitos mais verdadeiros de cuidado e de solidariedade humana, aliados às mais sofisticadas práticas científicas e à bioética. Nesse sentido, buscamos respostas na melhor ciência e na tecnologia, na cultura e até na arte, como um arcabouço absolutamente necessário à reorganização de nossas vidas neste tempo em que fomos atingidos por uma epidemia de efeitos dramáticos e que, sobretudo, estamos cientes de que outras poderão advir.

François Gros, secretário perpétuo honorário da Academia Francesa de Ciências, que em seu *Mémoires scientifiques: un demi-siècle de biologie* (Memórias científicas: meio século de biologia), publicado em 2003, nos dá um relato denso de quem viveu literalmente um quadro de importantes eventos – desde a França ocupada na Segunda Guerra Mundial, a experiência no Instituto Pasteur, onde trabalhou no laboratório de genética molecular e sua relevância no fim dos anos 1940, entre outros marcos –, já anunciava com propriedade que, de par com a ciência sempre vencedora, seria necessária uma reconversão de grande envergadura para vencer a ganância e especialmente a ignorância, tão facilmente convertidas em culto quando ausente está a educação, a que forja a capacidade crítica de separar o verdadeiro do falso e a barbárie da civilidade. Em tempos de medicina baseada em evidência e na necessidade de vencer o medo, é atualíssimo.

30 / TSUNAMI, ONDAS E MAROLAS

27 de outubro de 2020

O nome ressoa como se pairando entre uma lenda encantadora de desenho animado e uma realidade infame, mas o fato é que a presente pandemia nos chegou como tsunami, sem tempo para perplexidades, e revelando que não soubemos aproveitar o "recuo do mar", representado pelo alerta dos países que nos antecederam. Informações que se perderam numa espantosa disfuncionalidade, confundindo a opinião pública sobre a gravidade do fato epidêmico, como ocorreu no Brasil, contribuíram seguramente para as tristes consequências na morbimortalidade da doença entre nós. O controle de notícias procedentes ou não e sua disseminação sofreram um deslocamento das mídias convencionais para a capilaridade das mídias sociais, para o bem e para o mal. Ignorou-se o que já se aprendera na pandemia da gripe espanhola: que líderes devem assumir qualquer que seja o terror para auxiliar as pessoas a enfrentá-lo.

Se observamos hoje uma redução no número de casos no país, ainda nos vemos estacionados em patamar alto de transmissão, com mais de 20 mil casos e cerca de quinhentos brasileiros mortos por dia pela doença, decorridos quase nove meses. Com taxas de imunidade comunitária variada e grande número de suscetíveis, esse cenário propiciou que o Brasil fosse um celeiro ideal para a aplicação de estudos de vacina em fase 3 para verificação de segurança e de eficácia, o que vem sendo levado a cabo, com bom prognóstico. Teremos vacinas, mais de uma, por certo, em escala suficiente para os grupos de prioridade e mais vulneráveis num primeiro momento, porém, com potencial de ampla cobertura ao longo do ano próximo, se mantidos os cronogramas acordados tanto pela Fiocruz quanto pelo Instituto Butantan, além das demais vacinas que ora se encontram igualmente em fase clínica no país. Espera-se também que os resultados revelem efetividade acima de 50%, permitindo seu registro regulatório, sua aprovação e sua aplicação.

Impressionam na chamada "corrida das vacinas" os quase duzentos projetos em desenvolvimento no mundo, de diferentes tipos, e o número dos que chegaram à fase clínica de experimentação, o que representa muito mais do que uma corrida num mercado bilionário, um fato biológico de que até hoje não se descobriu um verdadeiro marcador de proteção para a Covid-19. Resta, portanto, assegurar a equidade em sua distribuição e acesso, razão pela qual reconhecemos a Iniciativa Covax-Gavi, da qual o Brasil é signatário, como uma âncora de proteção aos países menos poderosos e, no nosso caso, incorporada ao Programa Nacional de Imunizações (PNI), através do SUS.

Hoje vemos a temida, porém pressentida, segunda onda em alguns desses mesmos países europeus onde a Covid-19 nos antecedeu, com fronteiras fechadas, medidas duras de cerceamento à circulação e serviços hospitalares reabertos pela pressão do número de casos graves. Definimos segunda onda epidêmica quando se volta a observar um incremento no número de casos e mortes superior a 50% do patamar de redução alcançado. Nada indica até o momento que, como ocorrido há cem anos, essa segunda onda será mais letal do que a primeira. Esperemos, pois, como nos disse Albert Einstein, "a realidade não passa de uma ilusão, mas é uma ilusão muito persistente".

31 / A INESCAPÁVEL LUCIDEZ DA CIÊNCIA

3 de novembro de 2020

Chegamos ao quase fim de um ano insólito em nossas vidas expondo a nu mais do que o rei no conto de Andersen: velhas questões sem respostas e problemas sociais crônicos que se agudizaram, revelando obscenamente nossas desigualdades. Seguimos em busca de uma pauta de referenciais que nos una com confiança e nos permita acreditar em dias melhores. Nesse balanço, tivemos alguns grandes progressos no entendimento da epidemia e, especialmente, uma democratização de informações valorosas de descobertas e demonstrações do que, de fato, funciona para a prevenção e o tratamento da Covid-19. Confirma-se o que já é sabido há muito: que, para as viroses agudas, a melhor solução são as vacinas, por isso se explica a saudável corrida de tantos modelos, de diferentes plataformas, a se tornarem possíveis de aplicação brevemente.

No campo terapêutico, seguimos na tradição das viroses agudas, com a dificuldade de encontrar e validar fármacos, sejam antivirais, sejam anti-inflamatórios, isolados ou associados, ao contrário das viroses crônicas, como aids e hepatite C, para as quais os tratamentos são reconhecidamente de alta eficácia, permitindo antever a eliminação desta última do mundo. Para a Covid-19, os ensaios publicados até o momento com antivirais antigos, alguns usados na aids e nas hepatites, além de novos, incluindo o remdesivir, analisando diferentes desfechos, não resultaram em prognósticos terapêuticos seguros quanto à cura. Do mesmo modo, anti-inflamatórios específicos, como inibidores de interleucinas ou mesmo a transferência de plasma de convalescentes, cuja lógica resgatada de experiências anteriores justifica em muito o seu uso, necessitam de melhor validação.

Estudos imunológicos tentam elucidar a infectividade do vírus Sars-CoV-2 na célula a partir das conhecidas propriedades do sistema imune – como especificidade, ou seja, resposta a cada estímulo, e diversidade, definida como a capacidade de reconhecer diferentes patógenos e memória, sendo, esta, a peça-chave para as vacinas, porque, quando desafiados pela segunda vez, respondemos melhor ao patógeno. Torna-se necessário cada vez mais descrever um correlato de proteção contra o vírus, combinado com um melhor entendimento da cinética de anticorpos, especialmente contra a glicoproteína Spike (S) do vírus, que se acopla à célula hospedeira para a infecção.

A ciência, palavra que passou a ser tratada com um despudor inaudito, como se fosse uma abstração ou um mundo dissolvido em diáfanas verdades, viu nascer ao seu redor conceitos novos como *fake news*, a exigir permanentemente que sejam laboriosamente desconstruídos. Repetimos à exaustão tudo o que sabemos, seguros de que tudo deva ser compartilhado mesmo que não sejam notícias boas: epidemias são previsíveis; esta não será a última; mutações genéticas em vírus ocorrem, mas não necessariamente os tornam mais patogênicos, como é o caso da nova variante do Sars-CoV-2 circulando na segunda onda na Europa; comportamentos de proteção individual e coletiva se impõem, ainda; e as vacinas chegarão no tempo certo.

Nietzsche, sobre a condição humana, nos diz que o que mais devemos estimar numa pessoa de espírito é seu senso de honestidade intelectual, mesmo contra seus próprios interesses: *fiat veritas, et pereat mundus.*[16] Doa a quem doer. Seguimos acreditando nisso.

16/ *Traduzido do latim, "faça-se a verdade, ainda que o mundo pereça".*

32 / CHINCHILAS, COVID-19 E OUTRAS DOENÇAS

10 de novembro de 2020

No momento em que as barreiras de transmissão biológica dos coronavírus entre o mundo animal, vetores e humanos voltam à carga após a identificação de alta contaminação entre milhões de animaizinhos, como visons e chinchilas, ocorrida há alguns meses e apenas agora divulgada, nos perguntamos, cientistas e sociedade, sobre nosso futuro imediato. Esses animais, criados em cativeiro para a indústria suntuária de moda, eliminados na Dinamarca com um procedimento radical de profilaxia, nos expõem à discussão inevitável sobre a responsabilidade do homem frente ao que faz no planeta.

Para que criar animais para serem sacrificados e transformados em casacos num momento de inevitável consciência ecológica madura? Olhamos nossas vidas, os patógenos cada vez mais resistentes, e os coronavírus, o temor da vez. Tememos nosso porvir e as próximas epidemias, as que hoje presumimos que haverá mas não sabemos quando, e, por outro lado, o reconhecido grande reservatório, o maior do mundo, que é a Amazônia. Qual é o liame dessa reflexão, que em muito ultrapassa o campo da saúde ou da biologia? Ela exige de autoridades, economistas e responsáveis pelo controle do meio ambiente um trabalho permanente e harmônico, inapelavelmente.

Ainda não está determinado o impacto da pandemia de Covid-19 sobre as chamadas doenças crônicas, transmissíveis ou não, e as sabidamente endêmicas, no Brasil. Porém, já sabemos do grande número de mortes ocorridas em casa, quer relacionadas de modo direto à epidemia, quer por falta de assistência regular das condições preexistentes e que precisam de tratamento contínuo, como enfisema pulmonar, diabetes, câncer, e outras degenerativas, passíveis de exacerbação.

Em relação ao câncer, há que se mensurar o número de pessoas que deixaram de progredir nos exames diagnósticos, e em toda a propedêutica necessária ao estadiamento dos diferentes tipos da enfermidade, sobretudo os mais prevalentes, como câncer de mama, pulmão e cólon. Quantos diagnosticados tiveram suas cirurgias suspensas, perdendo um *timing* muitas vezes determinante de prognóstico? Já se sabe a resposta: 70%, segundo dados do Instituto Nacional de Câncer (Inca). E quantos foram operados e não continuaram os tratamentos complementares, como rádio ou quimioterapia? No total, estima-se que 45% dos pacientes tiveram impacto negativo em seus tratamentos.

No caso de doenças transmissíveis, é paradigmático o exemplo da tuberculose, de notificação compulsória e ainda tão prevalente e urbana no Brasil. Já é sabido que houve 40% a menos de exames diagnósticos efetuados em todo o país; e uma redução de pelo menos 20% nas notificações ao Ministério da Saúde, quando comparados o mesmo período deste ano ao do ano passado. Considerando tratar-se de doença altamente contagiosa, cuja cura exige tratamento diário e longo de, no mínimo, seis meses, não poderia ter havido descontinuidade nem atraso no fornecimento dos medicamentos. A esses dados se somaria a superposição de quadros respiratórios que, seguramente, contribuíram para a morbimortalidade neste período epidêmico.

Contando que o momento que vivemos possa gerar medidas que ratifiquem, entre nós, a importância do SUS e sua capilaridade, remetemo-nos ao grande filósofo Henri Bergson, que nos diz que "a desordem não é mais do que uma ordem que ainda não compreendemos". Entendamos e resgatemos.

33 / FATOS FÉRTEIS, RETÓRICA ESTÉRIL

17 de novembro de 2020

Inúmeros são os episódios na história em que os fatos se sobrepõem em relevância e verdade, seus desfechos confirmam as hipóteses, magnificando-se em relação às narrativas negacionistas e controversas. Na pandemia da gripe espanhola, de há um século, cansados após longo período de confinamento, ao primeiro sinal de afrouxamento das medidas todos foram para as ruas, provocando aglomerações e organizando festejos impensados. Nesse contexto, a segunda onda de contaminações, iniciada em semanas, foi muito mais letal do que a primeira, matando mais que a aids em seus primeiros 25 anos no planeta. Nosso memorialista e médico Pedro Nava descreve em *Chão de ferro* o Rio de Janeiro diante da "moléstia reinante": "O terrível já não era o número de causalidades, mas não haver quem fabricasse caixões, quem os levasse aos cemitérios, quem abrisse covas e enterrasse os mortos."

Em 1941, quando Churchill e Roosevelt assinaram o Tratado do Atlântico, que falava, basicamente, do "direito de cada um de escolher a forma de governo sob a qual gostaria de viver", inspiração para o Tratado das Nações Unidas, que nasceria mais tarde, a reação de Gandhi, enlutado pela morte dias antes do grande humanista e poeta nacionalista Rabîndranâth Tagore, foi reconhecer que os magníficos princípios de Churchill não se aplicavam aos indianos. Fato fértil, porquanto fervilhavam os movimentos pela independência da Índia e a retórica equívoca do grande líder britânico.

Nesses tempos de confinamento e turbulência na produção de informação e até de conhecimento científico, o excesso na comunicação, em velocidade desconcertante, mostra-se por vezes tóxico, e a palavra, prolífera, disseminando-se tanto quanto o vírus, nos faz refletir com São João – "no princípio era o verbo" –, mais do que no sentido da integridade divina, num profético e realista reconhecimento do *lógos*. A nós, homens mortais, cientistas ou leigos, cabe incentivar o olhar crítico e discriminatório sobre o que é verdadeiro e útil para nossas vidas, o melhor da razão, neste momento que cindiu o nosso cotidiano e não dá trégua.

Estamos cansados, sem dúvida, e diante do recrudescer da epidemia nos países europeus e nos Estados Unidos e da real ameaça de que o mesmo possa ocorrer entre nós, vemos aumentar o número de casos diagnosticados, em particular entre os suscetíveis, ou seja, os que ficaram protegidos sem se expor durante longos meses. E vemos emergir de novo os hospitais como locais de cura e morte, reduto de salvação e de despedida, nunca tão reconhecidos como tal, e hoje com significância metafórica fortíssima. Os mesmos sentimentos de fé e temor, que desde os primórdios da epidemia expressaram as dúvidas geradas pela doença e a finitude imposta por ela, resultam em um protocolo entre profissionais da saúde e pacientes, a refletir o mais cuidadoso aprendizado obtido ao longo desse quase um ano, associado a profundos gestos de humanidade e resiliência recíproca entre quem trabalha e quem recebe cuidado.

Preocupam-nos, ainda no campo da retórica estéril, os planos feitos para o "após a vacina", como num álibi, a nutrir a inércia. Haverá vacinas, decerto, e elas são a solução sabidamente ideal, mas não serão para o imediato. Os cuidados aí estão para que os sigamos e os incorporemos como práticas de vida, e para viver a vida nos protegendo, sem resignação.

34 / COM CIÊNCIA E SEM PROFETISMO

24 de novembro de 2020

Diante das declarações tão peremptórias quanto equívocas que temos ouvido entre pacientes, amigos e até desconhecidos que se dirigem a nós afirmando impunemente vaticínios ou excesso de otimismo sobre a pandemia, quase numa negação incontrolável da realidade, refletimos, no ávido interesse de entender. Entender, principalmente, o que leva a comportamentos coletivos de bravatas frente à realidade, que resultam em festas e aglomerações nas nossas cidades quando estamos a ver a segunda onda, evidente, ocorrendo nos países europeus, e um recrudescimento de casos e mortes no Brasil.

Por 3 milhões de anos, a vida tudo invadiu, desde o Pré-Cambriano, com bactérias muito simples e anaeróbias e, posteriormente, aeróbias, providas de fotossíntese e capacidade de fornecer considerável energia. Assim caminhou a nossa longa evolução, tão bem documentada e descrita por registros seminais, mostrando sobretudo como o resultado final de certas atividades humanas favoreceram o aparecimento e a ação dos microrganismos no planeta. Consideramos os muitos episódios infecciosos, que marcam a história da humanidade e sua influência no desenvolvimento das populações e de sociedades, como eventos definitivos. Num mundo em desequilíbrio como o atual, é de nos perguntarmos: onde, como, e há quanto tempo estamos errando? Quando virá a próxima epidemia, já que aprendemos que esta não será a última? Refiro-me a febres hemorrágicas, ebola, cólera, hantaviroses, coronaviroses, entre outras, que migram do mundo animal para as cidades, conglomerados urbanos que funcionam como ímãs, a atrair esses patógenos, amplificando e rapidamente expandindo uma infecção isolada em surtos e posterior epidemia. Vivemos essa experiência com o vírus HIV, que mostrou como o *homo sapiens* pode ser vulnerável em qualquer lugar, independentemente de condições pessoais propícias. O saudoso professor Jonathan Mann (1947-1998) entendeu bem e descreveu, junto à OMS, na década de 1980, esse comportamento biológico explicando como a humanidade tinha se tornado cúmplice do novo microrganismo.

Sob o olhar deste nosso Antropoceno desafiador, fascinante e machucado, tivemos, em recente simpósio organizado pelo professor Paulo Buss, da Fiocruz, a oportunidade de melhor conhecer a *Fratelli Tutti*, a nova carta encíclica do papa Francisco, que tem a participação de Leonardo Boff e dos professores Luiz Davidovich, físico e presidente da Academia Brasileira de Ciências (ABC), e da socióloga Maria Cecília Minayo. Texto tão atual, com extrema agudeza e sensibilidade, a carta traz mensagem fortíssima, sendo muito mais que pastoral, um libelo humanista de grande qualidade. Poderíamos dizer que trata de quatro pilares, a saber: o mercado, nada demonizado, visto como a irrefutável materialidade da vida moderna; os populismos e liberalismos, armas de persuasão perigosas; o individualismo e o narcisismo, mais do que expressão de amor-próprio ou inserção numa cultura, veículos de indiferença; e a devastação da natureza, o catalisador de doenças e de exclusão. Definida pelo próprio Francisco como "encíclica social", seu tom não é profético, mas sublime no que nos inspira.

35 / MUITAS PERGUNTAS, POUCAS RESPOSTAS

1 de dezembro de 2020

A avalanche de informação científica gerada pela pandemia do novo coronavírus gerou incontáveis perguntas a serem elucidadas nos diferentes domínios da ciência *lato sensu*. Seguindo as chamadas melhores práticas de pesquisa, hipóteses devem ser respondidas com base em estudos científicos, revisados por pares e consistentes em seus achados, para que possam ser reconhecidos – mesmo quando os resultados são negativos, ou seja, a hipótese formulada não pode ser demonstrada como verdadeira. O recuo histórico deste último ano, mais do que um tempo de descobertas e um celeiro de oportunidades, que vem gerando novas modalidades de relacionamento, de ensino, de trabalho, e até de assistência em saúde, permitiu-nos ver o que talvez muitos não quisessem. Que vivemos mais uma epidemia, que ela foi propiciada, em última análise, pela intervenção do homem na natureza, que ela não será a última, e que, em nosso caso, abriu a cortina de um cenário obsceno. Desemprego, crianças e jovens fora da escola, desamparo da velhice, aumento da população de rua, entre outros problemas, expõem personagens aos quais muitos nem sequer atribuiriam um papel adjuvante nos teatros de suas vidas.

Ao longo da história, os negacionistas da evolução ignoraram a biologia, como se o mundo tivesse começado há menos de 10 mil anos, e não há milhões, numa reação mais do que ignorante, perversa. Em sociedades marcadamente desiguais e sofridas cronicamente pela carência educacional, separar o joio do trigo fica bem mais difícil, permitindo que essa litania da negação se torne uma ameaça muito persuasiva. Talvez isso explique parte do comportamento coletivo de enfrentamento irracional que temos observado em tantas festas e aglomerações, com aparência de apenas simpaticamente insolentes, ou como numa purga coletiva dos meses de contenção, ou, ainda, como uma expectativa ingênua de que "a vacina vai chegar" e tudo se resolverá. O fato é que temos sido postos à prova quanto ao início de uma segunda onda da pandemia de Covid-19 no Brasil, que poderá, sim, ser propiciada pelas festas de fim de ano.

Não há dúvidas de que vivemos um severo recrudescimento de casos nas grandes cidades brasileiras, em particular, São Paulo e Rio de Janeiro, nas quais a taxa de transmissibilidade (RT) ultrapassa a marca de 1, significando que cem pessoas doentes transmitem a doença para mais de cem outras. Os dados gerados pelo Instituto de Biologia Molecular do Paraná (IBMP), vinculado à Fiocruz, revelaram nestas últimas duas semanas altas taxas de positividade nos testes RT-PCR realizados, a saber: acima de 40% em São Paulo e Paraná; 45% no Rio de Janeiro; 30% em Santa Catarina; e acima de 20% no Ceará. Nos exames feitos na rede privada de laboratórios, observa-se um incremento médio de 1% a 2% por dia, desnudando a maré montante de infectados. O resultado já tem sido o tão temido esgotamento do sistema de saúde.

Nosso querido poeta Antonio Cicero nos alerta em seu livro *Estranha alquimia*, nos versos de "Perplexidade": "Não sei onde foi que me perdi / talvez nem tenha me perdido mesmo, / mas como soa estranho pensar que isto aqui / fosse o meu destino desde o começo." Neste tempo tão duro de constatações temerárias de que não há acaso no que estamos vivendo, de responsabilidades negadas, de luto infinito e de vaticínios, mas sobretudo de esperança, trata-se de uma boa reflexão.

36 / RAZÃO E EMOÇÃO NA COVID-19

8 de dezembro de 2020

Como encontrar a metáfora condigna quando nos defrontamos com a triste realidade de nossos dias, neste dezembro inaudito, à mercê das contingências que aumentam ou diminuem nossa esperança? Por que há esse comportamento irracional de confronto com a epidemia e o relaxamento nas medidas, gerando o quase exaurimento do sistema de saúde, como vemos em cidades como o Rio de Janeiro?

Não carecemos de bravatas nem de retórica vazia, que tentam justificar o injustificável. O recrudescimento atual da pandemia entre nós exige mais rigor das autoridades fiscalizadoras e adesão de toda a sociedade civil. Espera-se que prioridades como a logística necessária à implementação das vacinas que estarão viáveis nos próximos meses – de par com a recomposição da capilaridade do SUS – sejam materializadas em ações, ainda que tardias, concretas, tais como a alocação de recursos humanos qualificados e condições de operação nas Clínicas da Família e na rede básica, que respondem por 80% da necessidade assistencial e preventiva, bem como nas milhares de unidades que poderão aplicar vacinas em todo o país, e clamam por isso.

O momento é crucial para observarmos essa evolução inovadora, a partir do acesso às informações científicas de cada tipo de vacina em testes de fase clínica, quer as de vírus inativado (Sinovac e SinoPharma), quer as de vetores virais não replicantes (AstraZeneca, CanSino, Gamaleya-Sputinik, Janssen), quer as de subunidades proteicas (Novavax), quer as genéticas, de RNA mensageiro (Moderna, Pfizer-Biontech), todas a serem aplicadas em duas doses por via intramuscular. E ainda as que estão em fase 2, como a de vetor viral replicante (Wantai-Xiamen) para aplicação intranasal, e a de DNA (Inovio) para uso intradérmico.

Mesmo diante da premência do momento epidemiológico que vivemos, o rigor do desenvolvimento não permite atalhos, salvo aprovações regulatórias emergenciais e que contemplem observação de vacinados a largo prazo. Pouco importa quais sejam os mecanismos de ação de cada vacina, se é como um gene que codifica a proteína viral, se inativa um vetor viral que transporta o gene do Sars-CoV-2, se usa um RNA mensageiro que modela a proteína viral, ou ainda se usa partículas virais sem o material genético original. Haverá várias vacinas aprovadas e o acesso a elas deverá ser universal. Vivemos um período de profunda consciência cívica de que necessitamos das vacinas para retomar grande parte de nossas rotinas. É hora de uma "Revolta da Vacina", reivindicadora, pró-vacina, oposta à de 1904, quando se repudiou a vacinação da varíola na cidade do Rio de Janeiro.

Perdemos nos últimos dias Eduardo Lourenço, esse singularíssimo escritor que nos ensinou sobre a cultura portuguesa tanto quanto Eça de Queiroz. Ele descreve a cultura épico-marítima dos descobrimentos e o desassombro dos maiores navegadores da história do Ocidente através de sua "contemplação feliz e maravilhada sobre si mesma", seu olhar "por dentro, sem culpa ou dogma", e cada momento de entrada na vida, um esplendor. Tive o privilégio de conhecê-lo e sempre me encantar ao ouvi-lo sobre "o mais transatlântico dos sentimentos", que é a saudade. Penso nele, e em tantos amigos, pacientes e colegas que perdemos nesta pandemia, nos dias de liberdade de ir e vir, sem medo, nos abraços dos quais nos sentimos carentes e devedores.

37 / LUTO É SAUDADE E GRATIDÃO

15 de dezembro de 2020

A Denise, André e Pedro Cruz

Há uma semana escrevi sobre "o mais transatlântico dos sentimentos: a saudade", de acordo com Eduardo Lourenço, que acabara de partir. Não pensara que hoje repetiria o escritor, somando à saudade um profundo sentimento de gratidão pelo convívio com um grande amigo, Ricardo Cruz – um médico, na acepção completa do que isso possa representar sob o modelo de nossos mestres, que nos deixou, levado pela Covid-19.

Conheci poucos com tamanha paixão pelo ofício, nutrido pelo rigor científico, a curiosidade bonita, quase juvenil, a consciência crítica implacável e a generosidade com o outro, própria dos grandes. Leitor de prosa e poesia, ouvinte fidelíssimo dos "Beatles e dos Rolling Stones" e do melhor da música brasileira, celebrou com ardor o Nobel de Literatura dado a Bob Dylan, navegou pelos conflitos existenciais com a mesma voracidade com a qual percorria textos científicos relacionados à sua especialidade.

Aquele olhar exigente, percuciente, característico dos artistas e estetas, levou-o por décadas a um profundo aprendizado como cirurgião de excepcional habilidade, a recuperar tantos rostos e, portanto, tantas identidades, cujo reconhecimento entre seus pacientes e pares consagrou sua trajetória. Triunfo e honra? Não, o compromisso de criar, o desassombro de revelar afeto na relação médico-paciente, razão pela qual fundou o grupo Humanidades na Saúde, durante os últimos cinco anos palco de emocionados momentos para um público crescente e fiel.

A última sessão do ano do Humanidades intitulava-se "Pandemia nove meses depois: o ano acabou. E agora, José?", na qual teríamos o professor Benilton Bezerra Jr., psicanalista, falando sobre "a mente", e eu, sobre "o corpo". O cuidado com que foi preparada, inclusive com a divulgação pronta, em que constava o poema de Drummond, deixa-nos um sentido de vazio extraordinário e de um dever não cumprido. Afinal, o encontro não aconteceu, já que aguardávamos a sua volta. Um réquiem inacabado. Ele não nos perdoaria!

Tivemos muitas conversas, algumas mais divertidas, outras mais profundas, sobre questões médicas, angústias humanas, as alheias e as nossas. Porque a diversidade das pessoas é a chave da evolução humana, coisas assim. Ricardo riu muito quando lhe contei que havia ido em busca da casa do poeta Rimbaud, em Adem, Iêmen, e que encontrara no local um letreiro vertical em neon no qual estava escrito "Rambo". Terminamos essa prosa sob a fórmula de amor de Rimbaud, a da busca de uma verdade que esteja ao mesmo tempo dentro da alma e dentro do corpo.

Dor e derrota não precisam ser paralisantes, ao contrário. Em nós, que tivemos o privilégio de conviver com Ricardo, elas impulsionam e iluminam, como uma epifania. Ao longo de nosso caminho, algumas vidas riscam indelevelmente as encruzilhadas e acertam atalhos nas relações. Quando adoeci com a Covid-19, suas mensagens de preocupação, suas perguntas objetivas, quase uma doce sentença – "mas você está melhor, não?" –, chegavam com a pontualidade de um antibiótico endovenoso e o genuíno cuidado de que se tecem as verdadeiras amizades.

À sua família e aos muitos amigos com os quais compartilhou o bem-querer, e que hoje fazem de sua presença uma permanente inspiração, estas palavras de Santo Agostinho, perene em sabedoria: "Qualquer um que esteja em mim, seja maior que eu mesmo." Simples assim, ele diria.

38 / VACINA NÃO É RETÓRICA VAZIA

22 de dezembro de 2020

Sabemos que a história do homem acumula equívocos no julgamento de fatos científicos. Tais equívocos exigem reconsideração à luz da verdade e em nome da grandeza humana. Em nosso meio, voltando à paradigmática Revolta da Vacina de 1904, quando a sociedade recusara a vacina contra a varíola, até o grande Rui Barbosa errou, com sua verve conhecida, quando disse e escreveu "(...) não tem nome, na categoria dos crimes do poder, a violência, a tirania a que ele se aventura", referindo-se a Oswaldo Cruz, "(...) expondo-se voluntária e obstinadamente, a me envenenar, com a introdução no meu sangue de um vírus sobre cuja influência existem os mais bem fundados receios de que seja condutor da moléstia ou da morte". Não se conhece retratação dessa infeliz manifestação. Às vezes é assim.

Porém, há que se considerar a diferença de acesso à boa informação, inclusive a científica, naquela época e agora, tornando imperdoável nos tempos atuais qualquer afirmação que não seja fundamentada na melhor demonstração por estudos, sendo, ao contrário, baseada numa emissão arbitrária e acrítica de opinião. O que temos visto, contribuindo para confundir a opinião pública, inclusive por parte de autoridades, num ano tão doloroso de nossa história, careceria de retratação à luz das melhores evidências e do mínimo de empatia. Mais grave ainda é quando sandices são ditas em convicto desprezo pela vida humana. Isso nos remete tristemente, mas com algum humor, a textos clássicos, como os de Joseph Antoine Toussaint Dinouart (Abade Dinouart) na obra *L'art de se taire* (A arte de se calar), da metade do século XVIII, em que diz: "Jamais o homem se possui tanto quanto em seu silêncio." Ou, ainda: "Ter sobre si uma boa contenção e rodar sete vezes a língua dentro da boca antes de falar é arte que, paradoxalmente, compõe uma importante linguagem do corpo que se deve aprender a decriptar."

O momento é único, este em que acompanhamos, quase em tempo real, o feito humano extraordinário que nos enche de esperança, fruto de quase duas centenas de grupos de pesquisa e instituições públicas e privadas em todo o mundo, trabalhando em busca de uma solução, a única possível para a Covid-19: assim estão sendo criadas as vacinas. Colocar em período recorde mais de uma dezena delas em fase 3 de estudos clínicos, sem pular etapas e assegurando a transparência necessária na divulgação de acertos e de falhas dos achados, só deveria gerar uma expectativa positiva e confiante. A contrainformação, que se vale de redes sociais e de veículos de comunicação sem critério na tentativa de disseminar pânico e confundir, não deveria prosperar em nosso meio, num país que sabe tradicionalmente vacinar e numa sociedade que sempre confiou nas vacinas oferecidas pelo SUS.

Com a recente aprovação do imunizante da Sinopharma (de modelo semelhante ao da CoronaVac, de vírus inativado), na China, e da Moderna (de RNA mensageiro, como a Pfizer), nos Estados Unidos, a perspectiva real é de que todas as vacinas que chegaram à etapa atual tenham suas análises concluídas, seus resultados publicados e sua aprovação regulatória, emergencial ou definitiva, emitida inclusive no Brasil. O seguimento de grupos vacinados de diferentes faixas etárias trará informações sobre eficácia e proteção a longo prazo.

Aos grupos antivacina, esperamos, restará o *oblivion* e o fracasso na defesa de uma tese míope, ao entendermos todos que o preconceito e a ignorância podem matar mais do que o próprio vírus.

39 / FRUSTRAÇÃO OU ESPERANÇA

29 de dezembro de 2020

Cansada está essa tal esperança, mas resiliente. Segue retroalimentada por depoimentos com a força do papa Francisco, em sua homilia da Missa de Natal. Foi uma ode à ciência, aos que vêm se dedicando a encontrar uma solução para a pandemia, aos profissionais da saúde em suas intermináveis jornadas assistenciais, aos governantes que foram previdentes nas ações de controle e às famílias enlutadas por tantos mortos pela doença. Jean Delumeau, o grande historiador francês, nos fala em sua obra maior, *De la peur à l'espérance* (Do medo à esperança), que os destinos humanos só conhecem alternadamente uma regra: esperança sem limite ou medos irracionais. Neste tempo de confinamento, em que vivemos a multiplicação das performances da solidão, ou, como chamaria Umberto Eco, "a pluralidade das identidades individuais", carecemos de um resgate do que seja a racionalidade aplicada ao melhor das relações humanas, tanto as afetivas quanto as puramente cognitivas.

No que concerne às reações coletivas de crença, é curioso observar nos dias atuais, quando se exige, em qualquer estudo no campo biológico, demonstração de validade por meio da mais rigorosa avaliação, metodológica ou estatística, como prosperaram impunemente nos últimos meses, inclusive no meio médico, tantas sandices. Algumas, em uma peroração articulada, convincente até, encontram eco e respaldo em ações políticas e na inação de órgãos de classe, mesmo quando assumem a defesa de tratamentos e recomendações de condutas sem eficácia comprovada por estudos minimamente defensáveis ou sem efetividade no mundo real de aplicação.

Entendemos que entre nós, médicos, é próprio da atividade o ato de prescrever, numa relação doença-tratamento. É muito mais trabalhoso, sem dúvida, orientar pessoas doentes quanto à observação de sintomas, e assisti-las permanentemente diante de seus medos e angústias, do que entregar-lhes um saquinho contendo uma panaceia composta por antibióticos, corticoides, vitaminas e vermífugos sob a denominação de "tratamento precoce" para uma doença viral. Seria pedagógico, se exequível, ainda que muito triste, um levantamento de quantos dos internados em terapia intensiva, ou dos que faleceram, haviam ingenuamente feito uso dessas condutas.

Do mesmo modo, fertiliza-se o discurso denominado Movimento Antivacinas com argumentos nascidos da engenhosa fantasia negacionista, defendendo-se ainda que as vacinas, como ação de saúde coletiva, não serão capazes de modificar o curso da epidemia. Esperemos que essa mentalidade esmoreça entre nós, diante da oferta e da tradicional confiança que nossa gente tem na experiência de um país que sabe, reconhecidamente, vacinar.

Após quase um ano convivendo com a pandemia de Covid-19, nós nos miramos no doutor Bernard Rieux, o narrador médico de *A peste*, de Camus, que ao fim, revelado, passa uma mensagem ao mesmo tempo de ceticismo e esperança, ao fazer a retrospectiva da epidemia que assolara a cidade, cenário do grande romance. A passagem desnuda, assim, o melhor do pensamento de Camus, que é a defesa da liberdade e da igualdade amalgamadas num arcabouço contra a opressão nas suas diferentes faces.

Deixo meus votos de um encorajado Ano-Novo, com saúde, alegrias novas, reencontros, generosidade, cuidados com os mais frágeis, um pouco mais de justiça social, consciência crítica – que desta não se pode abrir mão – e vacinas para muitos! Feliz 2021.

40 / SAUDADE DE DEZEMBRO DE 2019

5 de janeiro de 2021

"No princípio era o verbo", diz São João no primeiro capítulo de seu Evangelho, no que considero a assertiva talvez mais inteligente do homem. No caso, antes de se referir ao *Gênesis* pela criação do Céu e da Terra, Deus criara o *Chronos*, ou seja, a noção do tempo, que é o grande demarcador civilizatório, e o verbo, como a nossa mais nobre capacidade de comunicação. "Tudo é linguagem", segundo o larguíssimo conceito de Jürgen Habermas, numa exigência de alguma racionalidade, sempre. Assim nos deparamos nesta contemporaneidade de comunicação compulsória, na qual, mais que nunca, é necessário dizer a verdade, mostrar a verdade e demonstrá-la quando se trata de fato relacionado à ciência. Para o bem, como seria desejável, e para o mal, como inapelavelmente temos visto, com a deturpação de resultados, ditos científicos, capazes de influenciar e enganar camadas de população desprotegidas de capacidade crítica ou manipuláveis pelo medo, alimentado pela informação irresponsável ou contaminada ideologicamente.

Refiro-me aos diversos áudios e vídeos ora veiculados em redes sociais com afirmações levianas, algumas peremptórias e até chulas, de que as vacinas – umas criadas a partir de modelos conhecidos e outras a partir de novos, levadas a cabo em tempo recorde e sem pular etapas, obedecendo aos rigores exigidos pela regulação no mundo todo – podem causar danos ou consequências maléficas às pessoas. Todos sabemos que as vacinas são a única solução adequada para controlar a disseminação epidêmica de uma virose aguda como a Covid-19, através do maior número de imunizados, bem como evitar casos graves e hospitalizações.

Quatro vacinas aprovadas para uso em menos de dez meses é um feito humano extraordinário, mesmo em tempos contemporâneos. Por outro lado, quase 100 mil artigos científicos publicados representam igualmente uma capacidade de produção, desigual, decerto, entre países, porém, de extrema relevância para revelar o que é ou não possível e defensável em termos terapêuticos para a doença. Daí vermos cair por terra, com base nas melhores observações, tratamentos, inclusive de alto custo, como solução plausível para a Covid-19. Portanto, vacinas, cheguem logo, seguras que são, e sejam acessíveis a todos!

Entramos em 2021 olhando para trás, quase nostalgicamente, como que para uma era distante, quando, gregários e efusivos que somos, nos cumprimentávamos em variados apertos de mão e nos abraçávamos sem pudor ou hesitação. E após o ano que marcou as nossas vidas, para o bem e para o mal, e nos deixa cicatrizes, tantas perdas, exaustão entre todos os profissionais da saúde e os que trabalharam sem cessar, nos ressentimos e nos angustiamos pelo tempo decorrido e pela perspectiva do que virá pela frente.

O que vemos hoje no Brasil é um recrudescimento da doença, um óbvio aumento no número de casos diagnosticados que demandam assistência, materializando uma segunda onda, e o mais triste janeiro de nossas vidas, quando estamos a dias de bater 200 mil mortes pela doença e, de novo, mais de mil óbitos por dia. Foi o que previmos no início de dezembro passado, com as aberturas e as aglomerações observadas, as inúmeras festas e celebrações de fim de ano, sem fiscalização ou bom senso, como se não houvesse amanhã ou estivéssemos numa hipnose coletiva em que o outro não conta, apenas o hedonismo impune de cada um.

41 / SOFISMAS EM EXCESSO

12 de janeiro de 2021

Impressiona de verdade neste cenário pandêmico o número, a frequência, a intensidade e mesmo a inoportuna insistência com que alguns peroram, sem pudor, sobre teses, "protocolos" e fórmulas de "tratamento precoce" para a Covid-19. Mais grave ainda é vê-las proliferar com a anuência e o beneplácito até de políticos e de prefeituras, que distribuem o que já denominei de "saquinhos de ilusão", contendo a tal panaceia de remédios que mistura antibióticos, corticoides, vermífugos, vitaminas, zinco e até a obsoleta cloroquina, entre outros, para uma suposta prevenção de agravamento da doença. Tristes, testemunhamos a morte de alguns defensores dessas prescrições, quase como seita, vitimados pela doença.

Digo que o fazem despudoradamente porque, após quase um ano, cientistas de grande capacidade já publicaram estudos bem conduzidos revelando a inocuidade da maioria desses fármacos, bem como já acumulamos um enorme aprendizado sobre a evolução clínica da doença, os fatores de risco – como idade, obesidade e doenças cardíacas –, suas fases, o momento de se iniciar o tratamento e as condições para o uso de fármacos como anticoagulantes, corticosteroides, antibióticos e imunobiológicos.

Somam-se ainda procedimentos de otimização de ventilação não invasiva, posição prona mesmo para casos moderados e uso de oxigenação de alto fluxo como medidas terapêuticas exitosas se conduzidas por equipe transdisciplinar, como desejável. Cada vez mais se sedimenta o conhecimento de que o que realmente salva vidas, em casos graves, são as chamadas boas práticas de terapia intensiva exercidas por equipes treinadas e qualificadas.

O sofisma é persuasivo desde os gregos, no grande século v a.C. de Péricles. Convincente, sua retórica proclama a verdade como necessariamente relativa, mutável, plástica. Em tempos de pandemia, o ambiente não é o da ágora ateniense, instando à reflexão, mas o da baixa consciência crítica por parte de quem fala e, sobretudo, da massa, que ouve. É prática perigosamente sedutora, em especial quando se trata de doenças, onde a lógica é haver uma solução medicamentosa para virtualmente qualquer uma. Desconstruir esse modelo exige atenção e cuidado com o outro.

Pesquisadores da Universidade Cornell, no fim da década de 1990, criaram o conceito hoje denominado "efeito Dunning-Kruger", ou, em termos mais laicos, síndrome do impostor, que é o fenômeno que descreve pessoas com pouco conhecimento de cultura geral ou de um determinado assunto que acreditam em outras, supostamente mais qualificadas. Estas, por falta de senso crítico ou mensuração da própria inabilidade para o que tratam, encontram eco em suas teses e permanecem nelas, de modo acrítico. A verdade é que quanto menos se sabe de um determinado assunto, menos se percebe o que não se sabe e, portanto, se acha que tudo sabe. Esse é um dos perigos em momento tão difícil e doloroso como o que vivemos, em que ceder à tentação de exercer um determinado poder, valendo-se da credulidade de muitos, pode custar vidas.

42 / ESPERANÇA DA VACINA E HORROR EM MANAUS

19 de janeiro de 2021

O número de manifestações que cada um de nós, médicos e pesquisadores, recebeu ao longo do último domingo[17] é incontável, de toda natureza; de agradecimentos generosos a perguntas complexas ou simples, numa catarse incoercível da ansiedade acumulada em tantos meses de dúvidas, medos, perdas e indeléveis cicatrizes deste tempo duro. Em um dia, temos a vivência de uma era, com horas dedicadas a ouvir um parecer técnico da Anvisa como se fosse entretenimento, a nos permitir evocar tantos fatos e epidemias de nossa história, cada um com sua intensidade e registro temporal, mas com o elo comum de prover algum sentimento de libertação e renascimento.

Merecíamos um domingo assim, de verdade. Duas vacinas aprovadas para a Covid-19, a serem produzidas no Brasil para os brasileiros, nos unem nessa perspectiva real de nos sentirmos partícipes de um processo inclusivo de cidadania, de direito à mais poderosa arma contra a pandemia, que são as vacinas, como grande parte da população já incorporou. Entretanto, quando todos, quase ludicamente, deveríamos estar fazendo contas produtivas de doses de vacinas, seringas e agulhas, estudando cronogramas de prioridades e todo esse cenário prospectivo, a realidade supera, brutal, a euforia da esperança.

Diante da tragédia de Manaus[18], materializada na segunda onda

17/ *Dia 17 de janeiro de 2021 foi a data em que a Anvisa aprovou as vacinas AstraZeneca e CoronaVac para a imunização contra a Covid-19.*

18/ *Manaus, que registrava altíssima taxa de infectados pela Covid-19 e a presença de uma nova variante, vivia o colapso de seu sistema de saúde, com superlotação de hospitais e falta de oxigênio medicinal, levando a óbito diversos infectados e mobilizando instituições e artistas em prol da doação de cilindros.*

da epidemia, a conta a fazer é de litros de oxigênio em falta, pacientes aguardando um leito de hospital, bebês prematuros necessitando de tratamento especializado, pacientes graves transportados às pressas para outros estados, covas rasas abertas para dar conta do altíssimo número de mortos, famílias em filas, desesperadas, comprando cilindros de oxigênio para levar até os doentes, em casa. Em pleno pulmão do mundo, a atual demanda de oxigênio é cinco vezes superior ao disponível. Essa conta, implacável e tristíssima, é o avesso do épico, e gostaríamos que as cenas a que temos assistido fossem apenas um filme de horror de muito mau gosto.

A situação calamitosa de Manaus revela a total falta de um plano de contingência para lidar com a tragédia anunciada numa cidade de difícil acesso, como a capital amazonense. Sabemos que vírus mutam, que o Sars-CoV-2 já sofrera algumas centenas de mutações e que houve novas linhagens, recentemente descritas na África do Sul e no Reino Unido. Porém, não se imaginou que a nova cepa, autóctone, denominada P.1, reconhecidamente mais transmissível, atravessaria a barreira de imunidade de tantos infectados numa primeira onda e seria responsável por tamanha devastação.

Há meses ousamos definir os objetos icônicos da pandemia no Brasil e no mundo – caracterizados pelos equipamentos individuais de proteção, as máscaras, e principalmente os respiradores – como salvadores de vida. Hoje, para estarrecimento de todos, esse ícone é um cilindro de oxigênio, metáfora perversa de salvação e desespero.

A fé e o temor, que desde os primórdios expressam o que é civilização, reúnem um protocolo entre homens a refletir sobre os mais profundos sentimentos, filosóficos e até estéticos, que cada época foi capaz de inspirar no último milênio pelas epidemias que marcam a história. Na gramática do imaginário, Camus, quando escreveu sua *opus magnum*, *A peste*, e José Saramago, quando o fez com *Ensaio sobre a cegueira* – para citar apenas dois exemplos da literatura ocidental –, não teriam, em tempos de paz, semelhante inspiração.

43 / O PAÍS DO "SABE COM QUEM ESTÁ FALANDO?"

26 de janeiro de 2021

Estamos em dias de expectativas e esperanças renovadas, com a chegada ao país das vacinas para a Covid-19. Sobretudo quando nos damos conta de que em poucas semanas teremos vacinas produzidas no Brasil para brasileiros, pela Fiocruz e pelo Instituto Butantan. Poderíamos, decerto, ter tido acesso a outras vacinas da quase dezena ora aprovada no mundo, em especial as que tiveram estudos de fase 3 desenvolvidos no país, como a Pfizer e a Janssen. Talvez ainda possamos ter acesso a elas; aguardemos apenas que as questões regulatórias se sobreponham a entraves políticos desnecessários.

Lembramo-nos da grande mobilização ocorrida em 2009, quando da descoberta de um surto de H1N1, uma nova cepa do vírus *influenza*, que rapidamente evoluiu para epidemia e pandemia. A doença chegou ao Brasil em maio daquele ano, gerando acordos com várias empresas farmacêuticas e, em particular, com a Sanofi Pasteur, o que permitiu a transferência de tecnologia para o Instituto Butantan com subvenção do Programa Nacional de Imunizações do Ministério da Saúde. Até hoje vacinamos, anualmente, cerca de 80 milhões de brasileiros contra a gripe. Exemplo para não esquecer.

Assistimos agora à saudável mobilização em prol do que muitos já compreenderam ser a solução mais efetiva para uma doença epidêmica aguda dessa magnitude. O aumento proporcional dos que confiam e declaram que vão se vacinar verificado nas últimas enquetes, chegando a 79%, nos anima. Sabemos que a espécie humana não é somente responsável por si mesma e para si mesma, à diferença de todas as outras espécies vivas, já que possui a faculdade de controlar e dirigir as próprias ações. Mais uma vez, entretanto, a realidade supera a ficção, ao constatarmos fatos tão abomináveis quanto o furto ou os desvios de vacinas recém-chegadas destinadas a grupos inquestionavelmente prioritários, criteriosamente distribuídas nas parcas quantidades ainda disponíveis no Brasil. No país em que roubar merenda escolar ou desviar recursos de equipamentos médicos ou de hospitais de campanha em período pandêmico não é considerado crime hediondo, como estranhar que alguém use de sua suposta autoridade para furar a fila da vacinação ou leve para casa uma dose extra para "a mulher de sua vida"?

Roberto DaMatta, com seus estudos incomparáveis sobre idiossincrasias de costumes e vícios atávicos da sociedade brasileira, talvez não tenha se surpreendido, sábio e sensível que é nesses assuntos. Não há como sustentar a chamada conotação positiva do "jeitinho brasileiro", que o relaciona a uma certa "criatividade". Pergunto-me, ainda, após rápida releitura, porque o registro da obra é forte em nossa memória coletiva, se *O triste fim de Policarpo Quaresma*, do grande Lima Barreto, que narra uma história passada durante o governo do marechal Floriano Peixoto, entre 1891 e 1894, não se aplicaria, de certa forma, ao cenário do que hoje vivemos. Tido como louco por querer implantar o tupi-guarani como língua oficial no Brasil, o obstinado major Policarpo faz críticas sociais contundentes a questões da sociedade de sua época, tais como a troca de favores políticos, o uso de prestígio para obter vantagens, as injustiças sociais e a pesada burocracia. Lima Barreto, triste e atual em 2021.

44 / VACINAS, SIM! PARA TODOS!

2 de fevereiro de 2021

Diante do início do processo de vacinação no Brasil, trazendo esperança e tantos questionamentos sobre o esperado início do fim da pandemia, aguardamos com saudável ansiedade a chegada dos Insumos Farmacêuticos Ativos (IFA) para que nossos dois institutos públicos, Fiocruz e Butantan, acionem suas linhas de produção. Não nos surpreende que esse mercado bilionário de vacinas esteja revelando o cenário assimétrico que se organiza em relação ao provimento e distribuição das doses no mundo. Iniquidades sistêmicas exacerbadas, disparidade social, dificuldades econômicas e até conflitos raciais podem polemizar e retardar a chegada de imunizantes aos mais despossuídos.

Como um exemplo, o Canadá, com menos de 38 milhões de habitantes, tem 80 milhões de doses asseguradas e provavelmente terá o mecanismo Covax-Gavi como destinatário de seu excedente, visando fornecer para os países mais pobres. De acordo com recente anúncio feito pelo dr. Jarbas Barbosa, diretor da Organização Pan-Americana da Saúde (OPAS), o Covax deverá iniciar a distribuição de doses ainda neste mês de fevereiro, inclusive para o Brasil, onde se prevê a entrega de cerca de 14,2 milhões de doses da AstraZeneca, o que contribuiria para acelerar de modo substantivo o processo de vacinação. A partir de então, remessas mensais poderiam ser feitas até o quantitativo previsto no acordo assinado com o Brasil de 40 milhões de doses.

Somam-se ao arsenal de angústias, quando estamos na expectativa de sermos imunizados, o surgimento de novas variantes virais e sua dispersão, como ocorreu na África do Sul, no Reino Unido e no Brasil, com a cepa denominada P.1, e no Japão, a partir de uma família que viajara de Manaus. Sabidamente responsável pelo grande número de reinfecções observadas no Amazonas, esta variante se origina de uma linhagem viral que já circulava no Brasil, uma vez que pesquisadores descreveram que aqui a epidemia do Sars-CoV-2 ocorreu a partir de duas linhagens virais identificadas como B1.1.28 e B1.1.33, que provavelmente surgiram localmente desde fevereiro de 2020.

Como as vacinas ora existentes serão capazes de proteger contra essas novas variantes? Já sabemos que existiram problemas de menor eficácia com a Novavax e com a Johnson & Johnson frente à variante da África do Sul. Tudo indica que as vacinas ora em uso no Brasil protegerão muito bem contra a doença, porém será necessário o monitoramento de efetividade para a variante P.1 brasileira. Sabemos também que as vacinas desenhadas e em produção atual guardam uma grande plasticidade e multivalência que permitirá sua adaptação para cobrir novas mutações, e essa é a boa notícia prospectiva.

Albert Einstein, em uma de suas máximas, nos diz que "Há uma força motriz mais poderosa que o vapor, a eletricidade e a energia atômica, que é a vontade". Ele saberia que diante do desafio que enfrentamos, munidos de doses suficientes e da reconhecida expertise em campanhas de vacinação massivas, com vontade política, poderemos alcançar a tão sonhada imunidade coletiva em um semestre no Brasil.

45 / ALFORRIA E NOVO VOLUNTARIADO

9 de fevereiro de 2021

Impressionante a força da vida de nossos "noventões" manifestada em tantos registros em unidades de saúde ou em suas casas, sendo vacinados e fotografados, sorridentes, numa contagiante e solidária exibição, como num exercício performático e emocionado de simbólica alforria após tantos meses de confinamento e apreensão. Para muitos, a ida a um posto de saúde foi a primeira saída de casa após quase um ano. No ritual de olhares intensos, o gesto de personagens conhecidos ou anônimos, que oferecem um braço ao profissional vacinador, cada um em sua singularidade e autonomia, como se fosse para receber um carinho há tanto tempo desejado, torna a agulha mera abstração. Certamente nos emociona a todos. O início da vacinação no Brasil, ainda com pouco menos de 2% da população coberta, chega como um alento, quando nossas estatísticas de quase 10 milhões de casos, com 8,5 milhões de recuperados, porém com 230 mil mortes, nos colocam num patamar de mortalidade constrangedor, clamando pela única solução coletiva capaz de controlar a epidemia da Covid-19: as vacinas.

Com as campanhas de esclarecimento sobre a importância das vacinas e das medidas de proteção individual e coletiva que temos desenvolvido com médicos e personalidades públicas, neste momento de recrudescimento da pandemia, observamos, confiantes, os dados substantivos de aumento da proporção de brasileiros que manifestaram recentemente a intenção de se imunizar.

Há quase um ano, quando eclodiu a epidemia, reconhecemos não existir no Brasil de forma concreta a cultura da "*donation*", ou ações permanentes de voluntariado. Diante da tragédia anunciada, e com a iníqua desigualdade social no país, ficava claro quão fundamental seria a participação da iniciativa privada ao lado das ações governamentais. Efetivamente, se materializaram vários movimentos de grande alcance, como o Todos pela Saúde e a União Rio, entre outros, provendo condições de recuperação de serviços assistenciais sucateados, equipamentos médicos, testes diagnósticos, cestas básicas de alimentos e produtos de higiene.

Nesse contexto, é louvável participar das iniciativas de grande alcance almejadas pelo Grupo Mulheres do Brasil, presidido pela empresária Luiza Trajano, que reúne 75 mil mulheres no país e até no exterior, que têm se dedicado a ações buscando fazer chegar as vacinas a todos os rincões do território nacional, em colaboração com as prefeituras e as unidades do SUS responsáveis pela condução da vacinação. Entendendo que apenas a vacinação em massa pode conter a epidemia e prevenir a emergência de novas variantes virais, seu lema motor é pragmático e desprovido de veleidades: é "não reinventar a roda", é "tecer em rede", como exige a melhor contemporaneidade. Em outras palavras, é somar ao que já existe, fortalecer iniciativas criadoras, ajudar ações de logística, de transporte ou de provimento do que falta.

Representantes de grandes organizações e empresas, mulheres em sua grande maioria, reunidas no propósito de fazer, ciosas de sua capilaridade e capacidade de mobilização, se interessam igualmente pela ciência brasileira, pelas nossas instituições públicas e pelos estudos nos quais podemos investir no país. Essas iniciativas, como num reconhecimento temporão de nossa cultura, nos trazem a esperança de que a pandemia da Covid-19 faça delas herança.

46 / CORPO E MENTE UM ANO DEPOIS

16 de fevereiro de 2021

Quão distantes estamos do longínquo dezembro de 2019, ao qual já nos referimos como "aquele tempo" ou "antigamente", época em que podíamos nos encontrar, nos abraçar, fazer reuniões e festas e trabalhar fora de casa? Sem dúvida, implementamos novas modalidades de trabalho e de relações, novas liturgias que serão perenizadas com o controle da pandemia. Contudo, diante da situação em que estamos, nos perguntamos: a volatilidade, não como um termo da economia, mas como um "perigo à vista", vai permear até as relações afetivas? Viver o recrudescimento da pandemia e uma segunda onda com muito mais mortes do que no pico epidêmico nos levará a uma maior consciência?

No último encontro do grupo Humanidades na Saúde, com o professor Benilton Bezerra Jr. e eu, cujo tema eram as consequências no corpo e na mente desse um ano de pandemia, perguntamo-nos o que tem sido mais nefasto entre nós: o medo do novo, a doença, o contágio, o novo que se fez velho pelo perdurar, inclemente, e que nos fez viver lutos tão próximos entre nossos amigos e familiares, o conflito entre o obscurantismo e a ciência, ou a nudez exposta de nossas vergonhas nesta Terra de Santa Cruz?

Passamos pelo espanto de ver todas as certezas baseadas em figuras de algoritmos caírem por terra, atropeladas pelo novo, pela surpresa como elemento primordial, a não permitir paralisia alguma, mas a exigir, de cada um, desempenho pela superação. Como olhar para a frente? Fácil nos remetermos ao seminal poema de Carlos Drummond de Andrade, "E agora, José?", escrito em 1942, em meio à Segunda Guerra. E agora? "A festa acabou, o povo sumiu, a noite esfriou"... A epidemia não acabou, o tratamento falhou, a vacina chegou, as variantes apareceram, o medo voltou, o desrespeito pelo outro prevaleceu, a negação contaminou, a descoberta se fez, o olhar se resgatou com a expressão maior do corpo.

A confusão vigorou na opinião pública, alimentada pela enxurrada de informações oficiais de início desencorajando a vacinação e, agora, estimulando-a por força das evidências e do recrudescimento da doença. E o nosso valoroso Plano Nacional de Imunizações (PNI), vilipendiado pela cultura do levar vantagem, que, tristemente, marcou esse começo da vacinação, tisnando o olhar de esperança dos idosos que conseguiram se imunizar na sua justa hora.

O mundo sensível não é obra de um Deus de sabedoria e verdade, mas uma criação defeituosa, um simulacro, no sentido dado por Jean Baudrillard, um reino de luz e de trevas. A Covid-19 é uma nova forma de sofrimento da contemporaneidade?

Essa tessitura do encontro nos remete a tantos registros de nossa memória, desde os mais remotos, como as casas lacradas com cruzes amarelas na terrível peste bubônica, o coloquial no *Decameron* de Bocaccio, até os mais recentes cenários com portas se fechando nos isolamentos para Covid-19, e a própria vivência médica, em novo cerimonial de contato humano com aqueles que passaram e passam pela doença nesse isolamento radical.

Este tempo pandêmico marca, dentro e fora dos hospitais, novos hábitos, entre os quais o uso da máscara. Quantos objetos ao longo de um ano representaram a agudeza deste momento para o corpo humano? Um respirador no início, atualmente um cilindro de oxigênio, e sempre, a permear todos os dias, a máscara e seu impacto epidemiológico. Como o contrário de um baile de máscaras ou de um Carnaval em Veneza, onde apenas o furtivo tem vigência, vemos modelos exóticos travestindo personas em busca de um novo significado.

Sabemos que grandes reformas na história moderna do mundo nascem de crises. Nesta terra de "vergonhas a descoberto", neste reino de luz e trevas, e com tanto a se descobrir e conquistar, há que se revisar a liturgia de nossas funções.

47 / DESTINO: 2022 OU 2032?

23 de fevereiro de 2021

Tomemos gosto pelo sonho, que este é infinito. Neste verdadeiro início do século XXI, como manter o sonho de um triunfo salutar sobre uma pandemia dessa magnitude, que modificou as nossas vidas e partiu o nosso tempo geracional entre o antes e o depois da Covid-19? Como não viver aterrorizados pelo prenúncio de uma derrota nefasta frente ao luto cotidiano, ouvindo, com certa anestesia cívica, os dados de mais de mil mortos por dia no país desde o começo deste ano? Como entender o comportamento dos milhares que se aglomeraram no Carnaval recém-terminado, a despeito de nossa peroração diária de alerta para que isso não ocorresse? Como conviver com a certeza de que teremos nova pressão sobre os hospitais com aumento de internações e mortes, inclusive entre os mais jovens, como uma crônica anunciada?

Temos nas mãos, de par com a responsabilidade sanitária, a oportunidade de liderar essa batalha através da ciência, vencendo o obscurantismo teimoso que nos faz reiterar informações e descobertas diariamente, e do dever obstinado de médicos, pesquisadores, cientistas, profissionais da saúde, exercendo à exaustão o seu papel. O momento exige, mais do que nunca, ao completar um ano do primeiro caso da Covid-19 detectado no Brasil, deixar de lado as pequenezas políticas que, metaforicamente, contaminaram tanto quanto a epidemia, reconhecer erros de condução, equívocos terapêuticos que a tantos iludiram, e o tempo perdido em inações para assegurar a única solução capaz de conter a epidemia, que é a vacinação massiva da população. Exige, ainda, ultrapassar a confusão gerada pela discórdia e desconfiança entre o governo vigente, que tentou fazer da informação científica mera ficção, como se a maioria de nós não soubéssemos o que estávamos enfrentando.

Nesse cenário, em nosso dia a dia de exercício profissional, poucas vezes se colocou tão agudamente a reflexão sobre o futuro do cuidado, das relações médico-paciente, sob a inspiração de nossos grandes e eternos mestres, como William Osler. A complexidade deste momento, a exigência de novas modalidades de contato entre pessoas, a otimização da tecnologia para nos auxiliar e até mesmo a exigência de se entender os aspectos financeiros de que se reveste o complexo da saúde, entre outros desafios, não pode, entretanto, obscurecer o cristal dessa relação. Daí nos sentirmos instados e inspirados, incansavelmente, nesse compromisso.

Sabedores de que precisamos, com convicção, rejeitar que fatos sejam manipulados, ou "manufaturados", como disse o presidente Joe Biden, em nenhum sentido podemos suportar outro ano como o que passou. Sejamos firmes em nossa reivindicação de que precisamos de vacinas já e para todos, equitativamente, como uma solução não apenas sanitária, mas também econômica para a retomada de nossas vidas. Aventuras obscurantistas que postergam ações objetivas e contaminam o inconsciente coletivo merecem a nossa desconstrução permanente, como num longo plantão. O intemporal não é eterno, segundo André Malraux, e o momento é de muita consciência individual e coletiva.

48 / CONTAR MORTOS NÃO É MAIS NORMAL

2 de março de 2021

Temos usado expressões nada romantizadas para tentar entender essa anestesia de percepções, essa arrogância desafiadora de parte da sociedade, que ignora o que seja a boa e velha anarquia, no sentido de exercício de liberdade, frente à epidemia que nos assola, e continuamos hoje mais tristes do que horrorizados, mais frustrados do que perplexos. Tarefa complexa para nossos antropólogos e sociólogos dissecarem.

Ao presenciarmos, no cotidiano atual, o quanto a Covid-19 mudou de lugar nessa alta taxa de transmissão, migrando para dentro de nossas casas, atingindo mesmo os que se preservaram durante esse ano tão inaudito, que representa uma era a demarcar nossas vidas, nós nos chocamos. Mais do que trabalhar pelo compromisso, somos impulsionados pelo afã sadio de ajudar. Estamos cansados de ler e ouvir estatísticas brasileiras comparadas que apontam que, com mais de 1.200 mortes a cada dia, a pandemia mata o equivalente a quatro aviões, ou que já matou mais do que a Guerra do Paraguai em toda a sua duração, mais do que a aids em seus primeiros trinta anos entre nós, ou mais do que outras endemias conhecidas.

A contemporaneidade poderia estar se abrindo para nós com a promessa de que daríamos a nós mesmos, desabridos e generosos, uma marcha para a frente, com dias melhores, que, inscritos na ordem natural das coisas, nos faria agentes designados de bem fazer e bem querer, de criação e partilha, como criadores de um novo Renascimento. Sabíamos precocemente que a pandemia seria duríssima e desnudaria nossa iníqua desigualdade; que seria necessário o surgimento de um voluntariado de nova qualidade, o que de fato vem ocorrendo, ainda que precisemos que se consolide. Sabíamos, sobretudo, que a colaboração de todos faria a diferença, com a resiliência exigida numa situação excepcional. O desempenho de cada um de nós implicaria uma responsabilidade, a própria de quem é senhor e soberano de si mesmo, porém sob um breviário de comportamento coletivo e civilizatório de grande consciência. Não é o que estamos vendo ou vivendo, de forma tão triste.

O artigo recentemente publicado pelo economista da saúde André Médici, do Banco Mundial, mostra com precisão o quanto a "sofrível performance do governo brasileiro no enfrentamento da pandemia está relacionada com a lentidão em adotar medidas de bloqueio e proteção da população, com o argumento de que isso prejudicaria a economia, demonstrando total desconhecimento das orientações de organismos internacionais, como o FMI e o Banco Mundial". É verdadeira a sua análise, uma vez que dos homens da nação, diz a história, se exige compromisso público, grandeza e visão humanitária.

Com a participação e defesa assumida de tratamentos sem fundamentação científica por médicos e a inação de sociedades de classe, inclusive num canibalismo cultural sedutor e perigoso, podemos supor que Esculápio, o deus da medicina e da cura, ficaria seguramente desafiado nestes dias de empirismos materializados por tantas arbitrariedades malfazejas. Porquanto aprendera o poder curativo das ervas e a cirurgia, adquirindo tamanha habilidade que podia trazer os mortos de volta à vida, Zeus o puniu, matando-o com um raio e transformando-o em constelação para consolar da morte o pai, Apolo. Este não é o enredo que nossos dias nos revelam.

49 / VACINAR MUITO E MUITO RÁPIDO

9 de março de 2021

Poucos de nós, mesmo os mais experientes em surtos e epidemias, teríamos sido capazes de predizer o *status quo* no qual estaríamos um ano após o aparecimento dos primeiros casos de Covid-19 no Brasil. Vaticinar com a racionalidade de que o impacto seria o de tragédia sanitária e humanitária, além de um oximoro sutil – como seria questionado por alguns de pensamento mais ortodoxo –, foi possível após a triste constatação da política em contraponto à ciência, especialmente entre nós.

Reconhecida a vacinação em massa e em curto tempo como a solução possível e quase única para conter a pandemia, há que se registrar alguns fatos: impensável seria imaginar que em menos de um ano teríamos no planeta quase duzentos grupos diferentes estudando plataformas de vacinas, quase duas dezenas em fases clínicas de experimentação, e mais de dez aprovadas por agências regulatórias para aplicação. Que esse tempo, por outro lado, resultasse, uma vez mais, na tão crua desigualdade do mundo, quando dez países já adquiriram 75% de toda a produção de vacinas e, ainda, que se somarmos a capacidade estimada para os diferentes produtores no corrente ano, sabidamente pouco mais de 3 bilhões de doses, estas seriam capazes, portanto, de cobrir menos de um terço da humanidade. Que há países que já asseguraram uma proporção de várias doses para cada habitante, e outros, como o Brasil, que, ao contrário, não podem até o momento – a despeito da produção nacional esperada pelos dois órgãos públicos, Fiocruz e Butantan – responder ao *timing* necessário para proteger a população, qual seja, vacinar muito e em pouco tempo. Que, como a face boa desse cenário, existe o Mecanismo Covax, coordenado pela Organização Mundial da Saúde (OMS), que nasceu para mitigar exatamente essa prevista falta de equidade. Até o momento foram contemplados alguns países e o Brasil, como seu signatário, ainda não recebeu um só lote. E já representamos 10% das mortes no mundo!

De par com a profunda curva de aprendizado médico ocorrida neste ano, concluímos, entre essas lições, que as regras de mercado resultam em óbvia iniquidade de acesso, bem como a falta de um regramento claro dificulta esse acesso equitativo, conferindo ao problema não apenas um imenso desafio sanitário, mas também ético e moral, a exigir competente coordenação global e solidariedade internacional.

Há muito se sabe que vírus mutam sempre, o tempo todo, em velocidades e proporções propiciadas pelo ambiente, isto é, têm comportamento diretamente ligado à taxa de transmissão circulante. Ou seja, criamos por aqui diversas situações propiciadoras para que as novas variantes não só aparecessem, como logo se transformassem em responsáveis pela maioria dos casos ora ocorridos no país. Até o momento são reconhecidas pelas análises genômicas em desenvolvimento no Brasil quase duas dezenas de linhagens diferentes, entre as quais as mais frequentes são as B.1.128, B.1.1.33, P.1 e P.2, conforme os estudos nacionais.

A cada dia surge uma pergunta sem resposta em meio ao desafio de uma doença nova e complexa em seu polimorfismo, e a "pergunta de 1 milhão de dólares" do momento é se as vacinas em uso protegerão contra as variantes virais em plena ascensão. A vigilância genômica iniciada necessita de apoio e financiamento adequados para que rapidamente respondam. Um bom mea-culpa ajudaria também, pessoal e coletivamente.

50 / "BANALIDADE DO MAL" E MEMÓRIA

16 de março de 2021

Há exatamente um ano, ao voltar de Brasília, onde nos reuníramos para assessorar o então ministro da Saúde, Luiz Henrique Mandetta, na revisão das ações de controle da epidemia, segui para São Paulo para o último evento presencial de nossa Sociedade Brasileira de Pneumologia e Tisiologia (SBPT). Ali, a convite de meu colega Mauro Gomes, do site PneumoImagem, gravei um resumo do que se passara na reunião, o primeiro a ser divulgado em redes sociais. Essa força propulsora, que eu desconhecia até então, viralizou o vídeo, revelando a necessidade de se veicular informação verdadeira sobre a magnitude da Covid-19. Sem premonição ou vaticínios, muitos de nós, médicos e cientistas brasileiros experientes, já anunciávamos que as duas armas mais poderosas para o enfrentamento da epidemia no país seriam o SUS e o distanciamento social, com todo o seu cortejo de medidas de proteção individual e coletiva.

Dias após a primeira morte pela doença, que nos chegara como uma "pneumonia atípica", a partir dos relatos iniciais publicados na China, a evolução complexa e polimorfa dos casos rapidamente exigiu de nós uma intensa curva de aprendizado. A Covid-19 se mostrou clinicamente uma doença sistêmica, trombogênica, capaz de acometer todos os órgãos, e com fatores de risco que já se mostravam relevantes, como idade, cardiopatias, doenças autoimunes e obesidade. Sem tratamento farmacológico eficaz, a não ser as boas práticas de terapia intensiva para casos graves, ainda hoje não conhecemos todos os riscos, bem como não sabemos o número real de infectados, nem todas as sequelas decorrentes da doença, nem tampouco as razões pelas quais uns evoluem com complicações graves e outros, não.

No balanço científico inaudito deste ano, com cerca de 100 mil artigos publicados, se buscarmos na internet a palavra-chave "Covid-19", perceberemos que ela é decantada também em inúmeros artigos de opinião e análises políticas. O feito humano extraordinário de tantas vacinas aprovadas para uso é o raio de esperança para todos. Entretanto, isso resulta, em nosso meio, num cenário de luto, de incertezas e de falta de consciência coletiva. Quando vemos a profusão de festas e aglomerações, as manifestações que negam o problema, de par com a inação das administrações, nem mais perplexos podemos ficar. No país onde a violência ostensiva ou sutil é tão entranhada nas relações familiares, sociais e de trabalho, nós nos perguntamos onde está o "homem cordial", no sentido não da cordialidade fácil, mas "de coração", segundo Sergio Buarque de Holanda em seu seminal *Raízes do Brasil*. Passado esse ano tão demarcador de nossas vidas, e acumulando cicatrizes pessoais e coletivas, somamos metáforas, emulamos tristíssimas estatísticas de comparação de nossos quase 300 mil mortos com os 140 mil da bomba de Hiroshima, dos vinte anos de Guerra do Vietnã ou das duas primeiras décadas de aids.

Hannah Arendt, ao descrever o que seria a "banalidade do mal", em que pese a razão histórica mais tenebrosa e incomparável de todos os tempos, que é o Holocausto, certamente se inspiraria diante da incúria e do desapreço pela vida que marcam a condução das ações de controle da pandemia no Brasil e que um dia, no julgamento da história, levarão seus personagens a se valer do argumento de que cumpriram ordens e instruções superiores.

51 / A VELHA TÍSICA E A COVID-19

23 de março de 2021

Dia 24 de março é o Dia Mundial da Tuberculose. Oposto de celebração, é fácil e triste a conspícua lembrança dessa doença endêmica, urbana, tão prevalente ainda entre nós, sendo o Brasil um dos países de maior carga entre os 22 listados pela Organização Mundial da Saúde (OMS), com 73 mil casos novos e 4.500 mortes a cada ano. Com o espaço midiático – e, por que não dizer, o imaginário de tantos – quase totalmente ocupado pela pandemia, observamos manifestações e reflexões extraordinárias geradas por esse fenômeno que modificou indelevelmente as nossas vidas e desafia a ciência. Sabemos do impacto da pandemia sobre as doenças crônicas, como o câncer e as cardiovasculares, porém talvez seja a velha tísica, tão distante do lirismo dos poetas e boêmios, o exemplo mais paradigmático de enfermidade crônica afetada pela Covid-19. Já sabemos que durante o ano passado houve uma redução considerável de mais de 20% no número de casos notificados, bem como a redução de mais de 40% de exames de diagnósticos para a tuberculose realizados em todo o país. Em se tratando de doença altamente transmissível, que exige tratamento longo por, no mínimo, seis meses, é de se estimar uma deterioração considerável no cenário epidemiológico brasileiro nos próximos anos.

Se quisermos traçar um paralelo entre a tuberculose e a pandemia de Covid-19 levando em conta sua heterogênea e assimétrica distribuição em termos sociais, não apenas no Brasil – em Nova York, 40% das mortes ocorreram entre a população preta e pobre, por exemplo –, perceberemos que ambas têm a capacidade de sobrecarregar o sistema de saúde, em que pese a diferença entre uma doença bacteriana crônica, com longos tratamentos e internações se necessário, afastamento do trabalho e sequelas, e uma aguda, com alta taxa de mortalidade quando complicada. São ambas transmissíveis por via aerógena, podem ser facilmente diagnosticadas e exigem um nível de informação pública e de consciência grande para a sua prevenção e seu diagnóstico. Nos primeiros trabalhos publicados na China, origem do Sars-CoV-2 e país com alta carga de tuberculose, a prevalência da doença entre pacientes com Covid-19 variou entre 0,47 e 4,47%, sendo mais alta entre os acometidos de formas severas da virose.

Baseados nos mecanismos imunológicos envolvidos, publicamos recentemente um trabalho sobre as diferenças e similaridades entre as duas condições, demonstrando a desregulação das respostas imunes na Covid-19 e na tuberculose. Esse achado indica um risco comum, favorecendo a piora da coinfecção, com o agravamento da virose, e a progressão da tuberculose. As evidências disponíveis sugerem que a Covid-19 possa surgir antes, depois, ou mesmo durante o curso da tuberculose ativa. Dano tecidual pulmonar ou trombose, que podem se dar com hipóxia, conforme descrito na Covid-19 como sequela, podem igualmente ocorrer na tuberculose quando extensa nos pulmões. Será necessário demonstrar melhores evidências para determinar se a Covid-19 pode reativar ou deteriorar o curso da tuberculose, bem como o papel que a reabilitação funcional, especialmente a pulmonar, terá num futuro próximo.

Num país como o Brasil, e neste agudo e gravíssimo momento no qual nos encontramos, não há como sermos iconoclastas da tecnologia na saúde, como o filósofo e teólogo Ivan Illich pregou em relação ao excessivo e pouco criterioso uso de fármacos nos tempos modernos. Esperamos acesso e equidade aos melhores tratamentos para a tuberculose e vacinas para a Covid-19 imediatas para todos.

52 / DE MEDO E DE ESPERANÇA

30 de março de 2021

As imagens atuais registradas por drones sobre as quadras de covas abertas no cemitério de Vila Formosa, em São Paulo, enclave verde em área densamente povoada da cidade, é um trabalho fortíssimo e impactante do fotógrafo Leonardo Finotti. Elas chocam, doem, porque excessivamente reais, a revelar a rápida e trágica evolução da pandemia de Covid-19 em sua segunda onda, e a trazer à nossa memória recente as centenas de covas abertas em Manaus, quando da primeira onda ali ocorrida, ainda em abril do ano passado. Naquele momento, época em que os números começavam a ser trabalhados em seu conjunto de morbidade e de mortalidade, contar covas e enterros diários era muito mais crível e ululante.

As imagens de São Paulo operam em nosso imaginário como o oposto do simulacro no sentido do que definiu o filósofo francês Jean Baudrillard como "imagens cópias", de forte carga simbólica, que não encontram equivalentes na realidade. Vivemos, em particular no Brasil, um momento em que a realidade dispensa metáforas e guarda uma pletora de metonímias: um cilindro de oxigênio é uma vida salva; uma seringa é uma pessoa vacinada; um único respirador pode ser uma "escolha de Sofia", uma fila em cartório, um excesso de mortes; um caixote de Insumos Farmacêuticos Ativos (IFA), uma perspectiva de futuro.

Repetimos à exaustão os alertas e chamamentos à sociedade civil sobre: os riscos de contágio; as altas taxas de transmissão de uma doença em que uma pessoa, mesmo assintomática, pode contagiar várias outras; a necessidade premente de manter distanciamento físico para impedir o contágio; o uso de máscaras como a inevitável e salvífica barreira mecânica para a autoproteção e a dos demais; a necessidade de haver fiscalização para que se evitem aglomerações; entre outros quase bordões, que hoje clamam de novo por sadia compreensão. Historicamente, desde as pestes, as epidemias trazem, entre outras consequências objetivas, medos escatológicos. A informação hoje disponível é a arma que pode atenuá-los.

Até quando precisaremos escrever sobre essa temática? Pandemia, dicotomia verdadeira entre ciência e política, dicotomia falsa entre saúde e economia, nossa intensa curva de aprendizado nesses quase quinze meses, nossas descobertas, redescobertas e decepções? Até quando precisaremos martelar números, taxas, proporções, indicadores, linhas de tendências, nível de significância, para entender e interpretar dados à luz das melhores evidências e informar à sociedade, numa tentativa sobretudo de nos humanizarmos e nos solidarizarmos entre todos? Certamente seguiremos nessa cruzada de compromisso hipocrático e cidadão, confiantes num horizonte de renascimento.

Em Copas do Mundo, estamos acostumados a ter, durante semanas, milhões de técnicos de futebol no Brasil. Com 85% da população já tendo se manifestado em enquetes sobre o desejo de se vacinar, seria extraordinariamente feliz se tivéssemos muitos tantos milhões convencidos e conscientes de que as vacinas são absolutamente necessárias e um direito de todos, tanto quanto ter assistência para assegurar as condições para a manutenção do distanciamento social. A isso chamaríamos de "ganho de consciência social".

53 / *A HORA DA CIÊNCIA* APÓS UM ANO

6 de abril de 2021

Revendo os registros deste um ano de artigos publicados nesta seção *A hora da Ciência*, criada pelo jornal *O Globo* no início da pandemia no Brasil, observo que não nos demos trégua nem mesmo para a menor perplexidade diante da magnitude do que nos chegava. Meu primeiro artigo intitulou-se "O que aprendemos". Nele descrevi o até então ocorrido e a visão prognóstica preocupante que o cenário indicava, de que não estávamos diante apenas de uma obscura nova infecção viral.

Vimos a primeira onda e seu pico epidêmico inicial no Norte do país em abril, no Sudeste em junho e, posteriormente, no Centro-Oeste e Sul; com orgulho, acompanhamos a decifração do genoma do Sars-CoV-2 em poucos dias por pesquisadoras brasileiras; assistimos ao nascer das vacinas, em tempo recorde, já reconhecidas como a única solução possível para o controle da doença, de par com o distanciamento social; desenvolvemos estudos clínicos de fase 3 de grande qualidade; estabelecemos parcerias; criamos equipamentos a baixo custo; implementamos serviços assistenciais e otimizamos a rede do SUS; decepcionamo-nos com os resultados de tratamentos-teste para a Covid-19; implementamos a telemedicina e o telediagnóstico, que vieram para ficar. Vimos, de novo, aumentar para níveis alarmantes as taxas de infecção nos últimos meses; detectamos a nova variante brasileira, biologicamente mais transmissível e possivelmente mais grave; operamos no limite da capacidade do sistema hospitalar; testemunhamos a inaudita falta de oxigênio para tratar doentes; vimos a desigualdade social brasileira se desnudar obscenamente; e a segunda onda se instalar no país, resultando num luto indizível de quase 350 mil mortes pela Covid-19. Mas vimos também a criação de um voluntariado de nova qualidade entre nós, a exigir que, nascido, cresça, apareça e permaneça.

Com estilos distintos, todos registramos cada momento neste espaço compondo um mosaico histórico consistente, factual e de opinião. Hoje estamos certos de que a ciência sai vitoriosa desta pandemia, porém, em nosso meio, ainda precisaremos lidar com o obscurantismo e a desinformação, alimentando a insegurança e o risco das pessoas de contraírem a doença.

O confinamento, a angústia e a dúvida exerceram efeitos muito diversos em nós, quer em intensidade e matizes, quer em capacidade de criação. Neste momento que demarca as nossas vidas entre o antes e o depois da pandemia, somos levados a refletir sobre o nosso porvir, as descobertas de que fomos capazes, a expectativa por respostas a partir das questões agudas de saúde, como as vacinas para o novo coronavírus, tudo a habitar o imaginário que incandesce.

Nesse sentido, é alentador saber que o magnífico ator britânico *sir* Ian McKellen, aos 81 anos, ensaia uma peça prevendo a estreia no solstício de verão europeu, quando se programa a abertura dos teatros: *Hamlet*, o jovem melancólico príncipe da Dinamarca, de Shakespeare. Em dias de tanta expectativa, quando mentiras e falácias querem se imiscuir na verdade, além da antológica e conhecida hesitação hamletiana, nos remetemos a uma de suas educativas reflexões, a cair bem no momento atual: "A virtude tem que pedir perdão ao vício (...) curvar-se e adulá-lo, para que ele permita que ela lhe faça algum bem." Perdoem a nossa virtude nestes tempos difíceis.

54 / E A COVID-19 AINDA NOS DESAFIA

13 de abril de 2021

O 7 de abril, que celebra o Dia Mundial da Saúde, o segundo, portanto, durante a pandemia, nos convoca a todos, economias pujantes e pobres, para a "construção de um mundo mais justo, equitativo e saudável após a Covid-19", de acordo com a Organização Mundial da Saúde (OMS). Nunca os conceitos de assimetria do mundo e de equidade se revelaram tão claramente quanto a partir da crueza com que a doença chega até nós, com imagens indeléveis em nossa memória, no paradoxo permanente que é o Brasil.

Semana de alento e ânimo esta, de ganho de confiança, da qual tanto precisamos neste período de permanente luto e espanto. A vacina CoronaVac, em estudo publicado pelo Instituto Butantan, compartilha seus resultados de fase 3, demonstrando uma efetividade esperada acima de 50% para casos leves e de 83,7% para moderados, inclusive protegendo contra a variante P.1, hoje predominante nos casos novos em todo o país. A vacina assegura, além disso, a possibilidade de espaçamento entre as doses de 28 dias com efetividade de 60%. Se será justificável a aplicação de uma terceira dose como reforço de imunidade, estudos prospectivos responderão em breve. Até então, é animador ver a Fiocruz iniciando de forma mais robusta seu processo de produção, a fim de atualizar o calendário proposto e aumentar a oferta de doses às unidades de saúde com a vacina AstraZeneca, bem como iniciar estudos para determinação de proteção contra as novas variantes.

Sedimentado está o entendimento de que, no caso da Covid-19, deixar as pessoas se infectarem visando alcançar imunidade coletiva com a doença é inaceitável eticamente e pouco inteligente como controle sanitário. Nesse sentido, no momento em que vemos a grande disseminação das novas variantes brasileiras, comprometendo tantas vidas jovens, inclusive com formas graves e necessidade de hospitalização, mais do que nunca medidas de contenção e proteção individual e coletiva se impõem.

Sabemos que, em última análise, a história do homem é moldada em boa parte pelas epidemias, pelas pestes, por vírus e bactérias. O esplendor das nossas culturas está, assim, mais do que em guerras ganhas, dinastias ou impérios construídos, na melhoria da condição humana, como revelaram de maneira tão determinante o aumento da expectativa de vida, os antibióticos e as vacinas no século XX. Têm papel preponderante nesse cenário os atores que lutaram para conquistar, descobrir, controlar ou curar esses muitos agentes infecciosos. Desde as seminais descobertas de Pasteur com as vacinas vivas, passando por Robert Koch e seus experimentos que descreveram o bacilo e a infecciosidade da tuberculose, e pelos gênios de Salk e Sabin, com a vitória sobre a poliomielite, numerosos pesquisadores, famosos e desconhecidos, deixaram sua importante herança para as nossas sociedades.

Ao dissecar doenças que ceifaram milhões de vidas por meio de métodos e técnicas capazes de erradicar muitas delas e controlar outras até os nossos dias, esses homens e mulheres se colocam no panteão da história, como o fizeram os grandes navegadores do século XVI em direção a um Mundo Novo. Nesse segundo ano de Tempo Pascal diferente e confinado, o sentido de passagem e libertação precisa mais do que nunca nos unir, inspirar e encorajar para que sigamos, resilientes, inclusive em face das futuras pandemias.

55 / A CANSADA LINGUAGEM EPIDÊMICA

20 de abril de 2021

Ao cabo deste mais de um ano, os dados mundiais demonstram que a Covid-19 já é a terceira maior causa de morte, superando as doenças cardiovasculares, o câncer e outras doenças endêmicas. No Brasil, em 2021, o número de mortes supera o de nascimentos em algumas regiões. O colapso do sistema hospitalar se materializou nesta segunda onda de modo inclemente, com a falta de oxigênio e todos os fatos relacionados à falta de kits de intubação, exigindo o uso de alternativas por parte dos profissionais. Nem sempre as mais seguras, mas as possíveis.

Percutem entre nós, porquanto usamos tantas vezes termos como "achatar a curva", "manter o distanciamento social", "usar máscaras", "lavar as mãos", "usar álcool em gel", "cancelar festas", "evitar aglomerações", "trabalho remoto", "reduzir o RT (referindo-nos à taxa de transmissão) da doença", e hoje ainda os repetimos, numa tautologia quase cansada, diante da velha negação da magnitude do que marca as nossas vidas indelevelmente. Esses termos, como normas de comportamento pessoal e coletivo, tão bem incorporados em sociedades mais igualitárias e com nível de educação maior, se revelaram indicadores de mediação, de sucesso e de insucesso em diferentes realidades. E nesses quesitos, para nossa frustração como profissionais e como comunicadores de informação científica, a *performance* brasileira é constrangedora em diversos aspectos.

Se, por um lado, fomos capazes de nos fazer reconhecer como produtores de conhecimento científico e de tecnologia, e até de inovação, fomos também capazes de estabelecer cooperação interinstitucional, aqui e com outros países, e de desenvolver projetos de vacinas, e com isso ganhar resiliência para superar os longos meses fora do ritmo das atividades normais, como ocorreu em diversas áreas da sociedade.

Entre tantos avanços e retrocessos, o conhecimento prossegue em sua dinâmica por vezes revisionista. Por exemplo, ficou claro, há muito tempo, que o "fique em casa", assumido como recomendação no início da pandemia por muitas instituições, era impreciso, e que técnicas de assistência como telemedicina poderiam ter sido otimizadas mais precocemente. Outro fato recentemente elucidado por estudos bem conduzidos e uma combinação de fatores demonstrados, após mais de um ano de disseminação pandêmica, é a comprovada transmissão do vírus por aerossol, como ocorre em toda virose respiratória, desde o achado de amostras virais viáveis em dutos e filtros de hospitais, entre outras observações. A essas descobertas, se soma o componente ambiental, determinante para a transmissão, corroborando a necessidade de proteção individual e coletiva. Mais uma vez, "use máscaras" e "evite ambientes fechados" retroalimentam a nossa insistente retórica.

O realismo compulsório do momento não exclui um imaginário singular, e esse tem sido a fonte fértil de produção no Brasil em tantos domínios, a superar as agruras de nossa iniquidade social e educacional. A tragédia humanitária que vivemos exige e apura o olhar ao outro, onde nos colocamos, cientistas, escritores, artistas, lideranças comunitárias, como se pudéssemos, irmanados, recompor a crônica deste cotidiano, numa litania da qual não abdicaremos porque ela nos ajuda a salvar vidas.

56 / A ÍNDIA SERÁ AQUI?

27 de abril de 2021

Se o Brasil não é para principiantes, como disse Tom Jobim há tempos, a Índia é muito mais desafiadora, em todos os sentidos. E não apenas pelo tamanho da sua população, de um Brasil multiplicado por quase sete, mas pela complexidade de sua história e tessitura cultural, nas quais glória e tragédia regem uma trajetória de colonização, independência e partição territorial, religiões alimentadas por uma tensão que nunca arrefeceu, um sistema de castas ainda vigente, difícil de explicar e sobretudo de justificar em pleno século XXI. O país também não conta com um sistema de saúde pública que dê conta, minimamente, de controlar as doenças endêmicas ou mesmo os dados epidemiológicos por elas gerados, e lá perdura a carga atual alarmante de enfermidades milenares, como hanseníase e tuberculose, inclusive de formas multirresistentes a fármacos, entre outras.

Faz parte de suas contradições ser o maior produtor de matérias-primas para medicamentos no mundo, de par com a China, e prover uma condição absolutamente desigual aos tratamentos para sua imensa população, inclusive para essas doenças tão prevalentes. No mesmo cenário, o Serum Institute of India é o maior produtor mundial de vacinas, incluindo os Insumos Farmacêuticos Ativos (IFAS), do qual o Brasil recebeu doses prontas de vacinas AstraZeneca no início de nossa vacinação. Hoje, diante da gravidade da situação no país e da rápida progressão da epidemia, com necessidade de vacinar muito e rápido, é remota a possibilidade de haver alguma disponibilização dessa fonte para o Brasil.

Com seus mais de 300 mil casos diários e a presença da nova variante genomicamente identificada e denominada B.1.617, já responsável por mais de um terço de todos os casos no país e detectada em países europeus, africanos e nos Estados Unidos, a Índia passa a ser o epicentro da pandemia e amedronta o planeta pela possibilidade de disseminação de casos e de eventual falha de resposta protetora das vacinas disponíveis a essas variantes.

A vocação trágica indiana se repete ao longo dos séculos e, apenas para dar um exemplo paradigmático, a peste bubônica chegou ao país no fim do século XIX, depois do mais longo período de seca e fome, com as monções benfazejas ausentes por três anos seguidos desde 1897, devastando plantações, afetando mais de 100 milhões de homens e animais e matando de fome cerca de 5 milhões de pessoas. Curiosamente, a região mais atingida foi a província de Maharashtra, onde fica Mumbai, como ocorre hoje, cenário das impressionantes cenas de centenas de piras humanas em praças públicas. Não se pode chamar de inimaginável, para quem conhece a Índia, que esse contraste tão vivo e pulsante se dê na região mais rica do país. Como também não o seria na urbe de Calcutá, a antiga capital, com seus 18 milhões de habitantes e imensa concentração de pobreza.

A povoar o imaginário indiano – e por que não dizer o universal neste momento –, está uma personalidade que em muito ultrapassa qualquer metáfora ou lenda, uma das mais complexas e intrigantes personalidades do século XX – o da barbárie –, que o atravessou com doçura e firmeza: Gandhi. O que diria hoje o Mahatma e a que conclamaria seus milhões de seguidores e adoradores? Certamente para manterem distanciamento físico, cuidados de higiene, e reivindicarem seu direito à vacinação. Traduzindo para a contemporaneidade a única utopia que permite a sobrevivência da espécie humana: o cuidado, a tolerância e a não violência.

57 / CONHECER É PRECISO, COMO NAVEGAR

4 de maio de 2021

A chicotear nossa imaginação, a iminente chegada do ano 2000, além de levar os grandes produtores de cinema a se verem diante de diferentes cenários possíveis para o fim do mundo, nos fez considerar toda a sorte de acontecimentos catastróficos, desde o retorno dos dinossauros, queda de meteoritos, terremotos e tsunamis, chegada de extraterrestres, até uma hecatombe nuclear. Alguns ascetas celebrariam convictamente apenas os dois milênios do nascimento de Jesus. Entretanto, nunca se viu tanta comemoração, nas mais diversas culturas e credos, em casas, pequenos bares e restaurantes pelo mundo, até gigantescas aglomerações. Como um apocalipse no sentido de renascimento, não de fim dos dias.

Podemos considerar que o verdadeiro início do século XXI se dá agora, diante dos dias inauditos que estamos vivendo desde a declaração da Covid-19 como pandemia, em 11 de março de 2020. De fato, a cada semana, podemos afirmar, surgem mais perguntas do que respostas em relação a todos os assuntos de que se reveste o problema. Após quinze meses, a ciência em geral, a vigilância epidemiológica global e até a inovação, com as diferentes modelagens para entender a progressão epidêmica e as formas da doença, bem como as novas plataformas de vacina e as promissoras modalidades de tratamento, produziram uma quantidade de dados que se equipara à velocidade de disseminação da doença no planeta.

Aos cansados destes longos meses e que dizem "querer sair e esquecer" e não se imiscuir nas querelas e desavenças políticas, resta a lógica aristotélica que nos lembra que "aos que não gostam de política e permanecem neutros por convicção", somos e seremos governados pelos que gostam, e instados a arcar com as consequências dessa nada impune neutralidade. A clara obsolescência de discussões como "tratamento precoce", que tristemente ainda vicejam no Brasil, revela nossa pouca consciência crítica, em paradoxo com a imensa capacidade de trabalho e relevante produção científica da comunidade brasileira.

Umberto Eco, em entrevista magistral publicada na virada do milênio pela *Folha de S.Paulo*, disse que "a memória deve ser respeitada, mesmo quando é cruel". Se não aprendemos nem praticamos o filtro de toda informação hoje disponível e acessível pelas redes e buscadores, sobretudo neste momento pandêmico, nos arriscamos a emular o célebre personagem de Jorge Luis Borges, Funes, o Memorioso, que se lembrava até do número de folhas de uma árvore, sem critério de relevância do que guardar.

Repugnam-nos as manifestações ditas patrióticas que pregam a desinformação e ferem esse direito inalienável em nosso tempo, que é o de todos receberem informações atualizadas e verdadeiras sobre a magnitude do problema, as descobertas perspectivas, as decepções com remédios que não passaram pelos estudos de reposicionamento de fármacos e os até efeitos adversos esperados das vacinas.

A avalanche de informações exige, entretanto, um crivo crítico cujo pré-requisito seria justamente a base de educação da qual nos ressentimos tanto em não ter. Lembrando o nosso querido poeta Vinicius de Moraes no poema "Pátria minha": "minha pátria sem sapatos / E sem meias, pátria minha / tão pobrinha". Como o poeta, resistimos e permanecemos em contato com a dor do tempo.

58 / MARIAS E HERMÍNIAS: O LUTO DE TODOS

11 de maio de 2021

"Na barriga da mãe não se tece apenas um outro corpo. Fabrica--se a alma", diz Mia Couto. Muito impressionante o número de mensagens que circula nas redes e que recebemos, mães biológicas ou mães simbólicas, nestes dois anos tão insólitos. É uma celebração contida do Dia das Mães, normalmente um momento de festejo e consumo, só superado em nossa cultura pelo Natal.

Na vivência pessoal e profissional da pandemia, entre tantos registros tristíssimos, testemunhamos belas superações ao longo destes quinze meses. Somos mães, filhas, médicas, enfermeiras e tantas profissionais de saúde, trabalhando sem interrupção e submetidas a protocolos rígidos de biossegurança justamente para a preservação de nossos filhos e famílias. A dádiva de ser mãe se mistura a um cotidiano no qual é preciso consolar outras mães, filhas, esposas, namoradas, diante das perdas que se materializam sem pudor.

Nunca se exigiu tanto das mães que ficaram em casa, com filhos fora da escola por mais de um ano, em trabalho doméstico, na maior parte dos casos, sem auxílio. São guardiãs da harmonia possível.

Sabemos que na ciência o progresso pode demorar. A pandemia nos revela a capacidade humana de buscar respostas e soluções duradouras, porém revela igualmente a desigualdade de acesso a elas. Além de manter a proteção pessoal e coletiva, com distanciamento físico, uso de máscaras e higiene, este é o momento de investir no processo de vacinação no Brasil. E vacinar, além das gestantes e lactantes, também as mães jovens, para que possam seguir em suas atividades, quer para ir trabalhar, quer para cumprir os afazeres de casa, a dar conta dessa demanda infinita.

A Covid-19 traz à tona todos os lutos anteriores. O recuo dos dias não atenua o luto de modo algum, aguça-o. Feriu-nos fundo a morte do ator Paulo Gustavo, resgatando a dor das outras mais de 420 mil vítimas fatais no Brasil. O humor, a pilhéria, a crítica social inteligente e a consciência de se saber parte de uma sociedade excludente e violenta fizeram de Paulo Gustavo um exemplo a manter viva a memória de tantas perdas.

A figura de sua mãe, eternizada entre outros personagens geniais por ele encarnados, cresce hoje em suas declarações generosas, com a grandeza que só as mães têm, mesmo diante da maior das dores. Seus meninos, tão pequenos, cuja sapequice saudável emula a de tantos outros órfãos resultantes da epidemia, são a esperança de que poderemos vencer essa batalha no Brasil.

Ao nos fazer conhecer uma categoria de luto pressentido, como eu designaria, a Covid-19 criou uma biunivocidade de lutos. Nessa solidariedade tão necessária, vivemos uma partilha compulsória de expectativas, o oposto da perplexidade. Faz-nos lembrar de tantos que refletem sobre o luto, como o pensador Georges Bernanos, que, numa conversa com uma freira um dia, disse: "Não morremos apenas cada um por si, mas uns por outros, e algumas vezes uns em lugar de outros."

59 / EMPATIA E TRANSCENDÊNCIA

18 de maio de 2021

Não paira mais dúvida alguma, mesmo para os céticos e não letrados em dados científicos de medidas de impacto em saúde pública, sobre algo que há muito sabemos: a grande solução para viroses agudas é a vacina. Os dados recentemente publicados de redução de 95% de mortes e de 90% de internações pela Covid-19 na Itália falam por si. Impacto que, igualmente, já observamos no Brasil nas faixas etárias mais idosas, as primeiras a serem vacinadas pela prioridade corretamente definida.

Por outro lado, após esse mais de ano decorrido, confirma-se por estudos bem conduzidos e publicados recentemente algo que também suspeitávamos há muito tempo, sendo comum às doenças de transmissão respiratória: o componente ambiental é determinante, e a Covid 19 se transmite por aerossóis. Com isso, ratifica-se a importância do uso de máscaras mesmo em pessoas vacinadas, sobretudo em ambientes fechados, até que tenhamos alcançado uma proporção considerável da população protegida, como nos Estados Unidos, e conheçamos, pela vigilância epidemiológica e genômica, o comportamento da epidemia e seu prognóstico de controle.

Quase duzentos anos após Edward Jenner testar a vacina para varíola, vivemos este extraordinário *momentum,* com 88 ensaios clínicos de vacinas, mais de 150 testes pré-clínicos em desenvolvimento e quase uma dezena de vacinas aprovadas para uso humano. Cientistas, nós nos sentimos como os historiadores, a correlacionar causalidade nos fatos, com a diferença de que os historiadores reconstituem um encadeamento retrospectivo dos traços documentais, e nós procuramos a demonstração e a reprodutibilidade de fenômenos naturais através de métodos e de análises causais. Assim, desde Copérnico e sua obstinada demonstração do heliocentrismo, a ciência histórica busca, mesmo nas ditas ciências da natureza, a sua especificidade e a sua transcendência, como agora.

Muitos são os registros históricos sobre as pestes e epidemias dos últimos séculos. Sabemos que a maior devastação sanitária da grande peste bubônica, que ceifou de 30% a 50% da população europeia, teve seu pior impacto e letalidade na Inglaterra. Entretanto, marca nosso imaginário Ingmar Bergman, em *O sétimo selo*, filme de 1957, ao descrever o impacto da peste bubônica na Suécia em 1350 e o intenso pessimismo que assolou a população, seguido de medo e reações ditas insensatas. Podemos reiterar que a história se resgata ciclicamente a cada epidemia? Sim, a gerar, no depois, um fato bom.

Nestas últimas semanas, ainda de tantas mortes no Brasil, anônimas e famosas, onde fica a nossa empatia, a nossa esperança? Como se houvesse dias de viver, estes são dias de morrer? Morrer é parte natural da vida, porque esta é finita. Somos programados para morrer, mas temos o direito de não morrer antes do tempo e de morrer com dignidade. Assim nos diz, entre outros, a escritora Elisabeth Kübler-Ross, a propósito das doenças em geral. Eu adicionaria que, após este quase um ano e meio de nossas vidas efetivamente modificadas, queremos almejar uma cobertura vacinal suficiente e a interceptação não apenas da transmissão do Sars-CoV-2 e suas variantes, mas de um ciclo perverso que retroalimenta ineficiência e ausência de empatia.

60 / CONFÚCIO E A COVID-19

25 de maio de 2021

Um novo lote de insumos para nossa produção de vacinas contra a Covid-19 partiu da China acompanhado de um tuíte de seu embaixador no Brasil. Yang Wanming citou Confúcio (551 a.C-479 a.C): "Feito para amigos, fiel à sua palavra." Ao ler a citação, de fina ironia e tão apropriada ao momento, vêm à memória, como um resgate necessário, ensinamentos nascidos desses grandes séculos VI e V a.C. Definidos como tempos-eixo ou demarcadores de eras pelo importante historiador Arnold Toynbee, são também o tempo coetâneo de Buda, Sócrates e Péricles.

Diante da iniquidade humana mais dilacerante que revela a pandemia do novo coronavírus, desde o despreparo do planeta para as epidemias, as mortes evitáveis, a falta de acesso a serviços e cuidados sociais e sanitários, até a concentração de vacinas, com dez países detendo 75% da produção de 2020-2021, o que nos diria Confúcio nesse contexto? O pensador chinês posiciona o homem como o cocriador do Universo, ensina o viver para o outro, conceito replicado séculos depois pelo Cristianismo, separa o que é o individualismo da individualidade, o subjetivismo da subjetividade, sem fazer disso um exercício de retórica, mas, ao contrário, fertilizando a compreensão de qualidades inatas à natureza humana. O homem seria, portanto, o objeto e a centralidade das relações mais profundas e da busca do autoconhecimento, como uma necessidade de interação com o outro.

Hoje se observa na China uma onda neoconfucionista liderada por vozes de significativa envergadura intelectual e forte tradição democrata, inclusive com olhar crítico sobre o Ocidente, tendo como figura mais proeminente o professor Tu Weiming, filósofo norte-americano nascido na China, por anos titular de Filosofia na Universidade Harvard e hoje diretor do Instituto de Humanidades da Universidade de Pequim.

Tive a chance de estar com Weiming em diferentes momentos e de, há alguns anos, assistir a um seminário presidido por ele, em Qufu, província de Shandong, sudoeste da China, terra natal de Confúcio. Ouvi-lo, com sua voz suave e firme, absorver seu conhecimento persuasivo no melhor sentido, e em seguida adentrar a floresta milenar, onde estão o túmulo de Confúcio e as estelas tumulares de seus mais de 100 mil descendentes, foi um momento de transcendência. Nesse ambiente tão propício ao pensamento e à reflexão, me foi permitido levar flores ao jazigo, uma grande deferência. Fácil entender que, longe de ser um culto ao sagrado, menos ainda uma religião, o chamado neoconfucionismo que hoje cresce na China revela um novo *mainstream* ideológico, humanista, muito além de uma expressão meramente geográfica.

Estamos todos nos descobrindo multifacetados em nossa capacidade de atender a uma demanda permanente, de diferentes complexidades, neste tempo pandêmico. Mobilizam-nos desde os mais cotidianos hábitos e atividades, novas modalidades de análise e de tendência em estudos, perguntas relevantes que se avolumam e nos inspiram a conceber novos estudos e até descobertas de certa forma redentoras, como bebês que nascem com anticorpos de mães vacinadas contra a Covid-19 na gestação, e nos levantam novas questões sobre a duração dessa imunidade. Nossa motivação seria bem acolhida por Confúcio.

61 / AVENTURA E CIÊNCIA

1 de junho de 2021

Louis Pasteur foi denominado por seu biógrafo, André Besson, como "um aventureiro da ciência". O cientista, morto em 1895, traçou sua densa carreira em Lille e em Paris, no instituto que leva o seu nome, inaugurado em 1888, no qual Oswaldo Cruz foi o primeiro brasileiro a estudar. Viveu com a disciplina indispensável ao pesquisador e a obstinação da curiosidade, com objetivos claros e a racionalidade a lhe exigir grandeza quando decepcionado e o reconhecimento de erros. Seus experimentos vão desde a fermentação alcoólica pura, o desdobramento do açúcar em álcool e em ácido carbônico, a fermentação do leite, as práticas de tratamento da viticultura, o entendimento da transmissão das doenças infecciosas, até sua descoberta seminal, a vacina contra a raiva. Esta lhe valeu a admissão na Academia de Medicina da França, em votação apertada, e não sem vencer preconceitos por não ser médico de formação.

Besson lhe chama de aventureiro num sentido oposto ao superficial; pelo desassombro de buscar, em diferentes domínios inteiramente novos, respostas para suas inquirições e observações cuidadosamente anotadas e demonstradas. Exemplo de consciência e espírito público que mereceria nos inspirar a todos: cientistas, formuladores de políticas públicas e políticos nos dias de hoje.

Onde seja dado às paixões humanas interferirem, o campo do imprevisível cresce até o absurdo. Assistimos tristes, mais do que perplexos, à espetacularização nas arguições na Comissão Parlamentar de Inquérito (CPI) da pandemia em curso, em que pese a relevância dos esclarecimentos necessários a que se propõe a comissão. Ciência e aventura imiscuídas impunemente num emaranhado de citações, por vezes levando a opinião pública, já tão cansadamente confundida e carente de consolo diante da tragédia que vivemos, a receber como verdades, ou no mínimo dúvidas, fatos científicos sobejamente superados.

O exemplo mais lamentável é a utilização do estudo clínico realizado ainda em março de 2020, em Manaus, por um grupo de pesquisadores experientes, quando a cidade evoluía em direção ao primeiro pico epidêmico observado no Brasil. O estudo tem sido citado, com variados matizes de intensidade, como uma espécie de bode expiatório ou cortina de fumaça, a escamotear o fulcro da discussão mais necessária referente à utilização equívoca de fármacos comprovadamente sem ação e deletérios para a Covid-19. Ainda sob a influência dos primeiros estudos chineses e franceses com a cloroquina e sob rigorosa metodologia, aprovado por todos os preceitos e instâncias éticas nacionais, controlado por grupo de segurança independente, como o são os melhores ensaios clínicos, o estudo brasileiro, coordenado pelo doutor Marcus Lacerda, foi publicado em periódico médico de alto impacto, o *Jama*, e considerado um dos dez melhores do ano. Resultados bons e felizes não são o objetivo primordial da ciência, mas a verdade comprovada é o que faz a diferença entre ela e as narrativas ficcionais ou aventureiras.

Quando as narrativas sobre a pandemia da Covid-19 forem escritas, e serão muitas, nos mais variados campos, é fundamental que a história seja contada como foi, luminosa ou obscura, porém sem vieses nem interpretações tendenciosas. Estas serão refutadas à luz da ciência, sem direito à aventura.

62 / SEGUNDA DOSE E ADVENTO

8 de junho de 2021

Sabemos que o advento na tradição cristã é o tempo litúrgico que antecede o Natal. Representa, entretanto, um sentido fundador de um novo tempo, de libertação, de esperança, que nos permite pensar, prospectivamente, nos dias pós-vacinação da grande maioria da população e no controle epidêmico.

Entre tantos desafios trazidos pela atual pandemia, permanece um mistério para psicólogos do comportamento e sociólogos responderem: o que leva uma população que cansou do distanciamento físico, que levou a sério, ainda que heterogeneamente, as medidas protetivas, e que esperou tão avidamente pelas vacinas anunciadas, a não comparecer para receber a segunda dose, quando as vacinas disponíveis no Brasil devem assim ser aplicadas? Com milhares de inadimplentes, perguntamo-nos o quanto esse fenômeno se relaciona com a negação da magnitude do problema, ou à nossa cultura de não cumprir medidas de saúde adequadamente, como é comum se observar no caso de doenças crônicas de tratamento longo. Uma vez mais fica claro o alto preço pago pela ausência de uma campanha de comunicação que contemple todas as informações necessárias sobre cuidados, prevenção e vacinas.

Resultados de eficácia de estudos sobre a vacina não determinam a efetividade nem o seu verdadeiro efeito protetor na comunidade. A pesquisa na cidade de Serrana, em São Paulo, recentemente desenvolvida com 95% da população adulta vacinada em curto prazo de tempo, revela, já em seus primeiros resultados divulgados, aquilo que há meses defendemos e tentamos transmitir. Aplicando um modelo que chamamos de "prova de conceito", que testa a viabilidade da intervenção, demonstrou-se, com uma informação consistente e baseada em dados epidemiológicos de qualidade, que uma virose respiratória aguda se controla primordialmente com vacinas e que uma alta cobertura vacinal é capaz de controlar a transmissão.

No caso de Serrana, onde se vacinou a população adulta por quatro meses, tendo 75% da população vacinada, observou-se não apenas um substantivo impacto sobre mortes e internações de casos graves, como a redução de doença em jovens, provando que vacinar muitas pessoas interfere na transmissão e protege os não vacinados. Também está claro que medidas protetivas pessoais e coletivas devem ser mantidas e fazem a diferença, como já se mostrara na cidade de Araraquara, a partir do fechamento de serviços durante três semanas e resultado impressionante de controle das contaminações.

Um modelo epidemiológico diverso, mas igualmente prova de conceito, será desenvolvido na Ilha de Paquetá, no Rio de Janeiro, onde vive uma população fechada de cerca de 4 mil pessoas, das quais um terço já foi vacinada com uma ou duas doses. Serão vacinadas em um só dia cerca de 1.600 adultos acima de 18 anos, com coleta de sangue para estudos imunológicos complementares. Esses exemplos se somam a outros que se desenvolvem neste momento em outros locais, visando responder a questões como: quanto tempo durará a proteção vacinal? Quanto as vacinas protegerão contra as novas variantes? Quantas pessoas vacinadas ficarão doentes? Quando precisaremos ser revacinados? Todas vão gerar respostas muito relevantes, e as esperamos com saudável curiosidade e o espírito épico que marca nosso tempo.

63 / MITIFICANDO O ATRASO

15 de junho de 2021

A nostalgia do atraso parece contaminar parte da sociedade brasileira em proporção competitiva com a pandemia. Após quase um ano e meio da tragédia – o termo é insubstituível – e tantos desatinos, tanto luto, tantos esforços equívocos, seguimos espectadores da retórica mais truncada no que se refere ao enfrentamento do que nos assola.

Comprometida a nossa saúde, a economia e a educação, todas em todos os níveis, assistimos ao sofisma aplicado em exercícios sistemáticos de convencimento de que o número de curados da Covid-19 seja compensatório do meio milhão de mortes no Brasil. De fato, alguns acertos são dignos de registro e nos dão a esperança de dias melhores: o reconhecimento da ciência nacional; a capacidade de trabalho de nossos valorosos profissionais da saúde; as escolhas de investimentos nas vacinas ora em uso majoritariamente no país, como a AstraZeneca/Fiocruz e a CoronaVac/Butantan; e a criação de um voluntariado de nova qualidade, com iniciativas de envergadura tomadas pela iniciativa privada, como o Todos pela Saúde, o Rio Saúde e outras. A resiliência de nossos milhões de excluídos, mais do que nunca à mercê de ações que se estiolam e nos aferroa a alma pela violência subliminar que se encerram em muitos desses grupos sociais, explicita nosso cansaço pelo tempo decorrido.

Graças às novas tecnologias de informação, nunca se reviu tanto esses fenômenos biológicos e sociais, que acompanham a humanidade há pelo menos dois milênios. Desse modo, é impensável que ainda estejamos discutindo conhecimento ultrapassado de terapêuticas sabidamente ineficazes, por exemplo, à luz da história das epidemias no Ocidente e da conhecida reação de governantes de ausculta sensível aos ditames da ciência e inteligentes frente às evidências.

Na tessitura da história do homem no planeta, pensemos a vida no ano 1000: essa era mesmo curta. Um menino de doze anos era considerado suficientemente maduro para jurar fidelidade ao rei; meninas entrando na puberdade estariam prontas para se casar, via de regra, com homens bem mais velhos; adultos morriam aos quarenta anos e alguém com mais de cinquenta era tratado como venerável. A teoria médica anglo-saxã se baseava no clássico conceito dos quatro líquidos corpóreos: sangue, secreções, bile e bile negra, que seriam interpretados como paralelos aos quatro elementos naturais: fogo, água, ar e terra. Combinados no corpo, em proporções variadas, criariam os chamados humores ou estados de espírito, de bem ou mal físico. Assim, a teoria dos quatro humores, sanguíneo, fleumático, biliar vermelho ou negro, definiam as prioridades e condutas das práticas médicas dos séculos IX e X.

Estudos revelam que o tamanho do cérebro de um habitante do ano 1000 era exatamente o mesmo do nosso atual, portanto, é espantoso que, ainda nesse corte histórico, como em outros, não reconheçamos o quanto o progresso e a ciência foram benfazejos ao homem, sem permitir recursos retrógrados.

Galeno de Pérgamo (c. 129 – c. 217), pai da medicina investigativa, vivia em Roma e se tornara médico de Marco Aurélio, o imperador filósofo que pereceu vitimado pela peste antonina da época. Com sabedoria e estratégia de líder, já alertava com convicção em seu *De curandi ratione* que "nenhuma afirmação pode ser aceita até que tenha sido provocada pela prolongada experiência". Equivale à demonstração científica por evidências de hoje. Exemplo paradigmático para os atuais líderes, seus equívocos, suas injustiças e contradições.

64 / LUTO E ESPERANÇA

22 de junho de 2021

Nos dias em que atingimos – e não alcançamos, porquanto esse verbo teria um sentido positivo – a marca de 500 mil mortes registradas pela Covid-19 no Brasil, aprofundamos nosso luto. Luto pressentido, este, como uma *Crônica de uma morte anunciada*, de García Márquez. Fatalidade, destino, absurdo da existência humana, como descreve o romance? Não. Em nosso caso, resultado da ausência de empatia, da falta de coordenação harmônica na pandemia, da ineficiência na gestão e da desídia no trato da coisa pública. Um luto, como uma dor, resgata os que o antecederam, perpetuando um ciclo mórbido e aprofundando nossas cicatrizes. Esse é o sentimento coletivo que nos açoita e une.

Marcam estes últimos dias, contudo, experiências pessoais intensas, trazendo esperança em nossa prática profissional e cidadã. Conheci de perto o Projeto Uerê, que se desenvolve no complexo de favelas da Maré, no Rio de Janeiro, há mais de duas décadas. Com seus mais de trezentos alunos, desde a tenra idade de alfabetização até a adolescência, é a materialização da pedagogia Uerê-Mello, criada pela professora Yvonne Bezerra de Mello. Como um ensino diferenciado para bloqueios cognitivos, é hoje reconhecido pelo Fundo das Nações Unidas para a Infância (Unicef) e aplicável a áreas de conflitos e de grande tensão social. Exemplo do que seja a resiliência em meio ao caos urbano de uma comunidade que revela a exclusão social mais obscena, sem saneamento básico, com moradias precárias em sua arquitetura particular, que um dia alguém quis que se assemelhasse a um *souk* (mercado árabe), e cercada da violência armada que conhecemos, encontramos, em casas que foram se juntando como pseudópodes de alvenaria, pinturas lindas de mensagem educativa, um ambiente exemplar e com grande acolhimento.

Crianças em turmas de, no máximo, 22 alunos, todas de máscara, em exercícios interativos com professores qualificados, nos surpreendem. Técnicas baseadas no aprendizado de valores, disciplina, raciocínio rápido, leitura dirigida e conexão com o mundo externo à comunidade proporcionam condições de inquirir e de elaborar conteúdo. Daqueles olhos curiosos e daquelas vozes sem timidez, recebi um suave bombardeio de perguntas inteligentes e muito atuais. Quando indago sobre os dados demográficos à coordenadora, vejo em estatísticas caprichosamente anotadas que 60% das famílias são chefiadas por mulheres, que mais de 40% das crianças relatam alguma presença de trauma em suas vidas e que a média de renda familiar está abaixo de um salário mínimo. Muitos deixaram de receber auxílio emergencial na pandemia por falta de documentos.

E num contraste só propiciado pela singularidade do Rio de Janeiro, separada da Maré por poucas milhas na Baía de Guanabara está a Ilha de Paquetá. Lá vivemos nestes dias o projeto PaqueTá Vacinada, uma iniciativa da prefeitura do Rio de Janeiro com a Fiocruz, que objetiva vacinar em duas doses, com intervalo de oito semanas, toda a população adulta da ilha, com coletas de sangue para exames imunológicos e sorológicos prospectivamente. Mais do que observar o resultado da vacinação numa população fechada de cerca de 4 mil pessoas, o estudo visa à aferição do impacto de proteção no grupo não vacinado de outras faixas etárias mais jovens.

Vicissitudes e injustiças não precisam ser um vaticínio inexorável da nossa história. Façamos de nossas cicatrizes inspiração e coragem, mais do que esperança.

65 / BOA CONDUTA, BOM REMÉDIO

29 de junho de 2021

No momento em que a OMS alerta, uma vez mais, sobre a importância do uso de máscaras como proteção individual e coletiva diante da ameaça de disseminação da nova cepa Delta do Sars-CoV-2, ainda assistimos tristemente a atitudes de bravata em relação às chamadas medidas não farmacológicas de controle epidêmico, já reiteradamente provadas eficazes.

Sedimentada a frustração com os fármacos testados nos estudos de reposicionamento para a Covid-19, cujo exemplo maior é a cloroquina, seguida da ivermectina e da nitazoxanida, entre outros, está estabelecido que os melhores tratamentos são as boas práticas de terapia intensiva para casos graves. Desde o início da pandemia, a Alemanha foi um excelente modelo de assistência e controle, pela qualidade e oferta de serviços, pela infraestrutura e pelos recursos humanos altamente qualificados. Os casos ocorridos em grupos mais jovens que voltavam de estações de esqui tiveram, inclusive, a menor mortalidade na fase inicial da epidemia, mesmo quando a esses se somaram os de fatores de risco maior, como idosos, cardiopatas e outras comorbidades relevantes.

Países como Nova Zelândia e Israel mostraram grande eficiência no controle epidêmico, provando uma vez mais o valor das medidas não farmacológicas de alcance coletivo, como o fechamento de serviços e escolas imediatamente após a detecção de focos epidêmicos. Outros, como a Coreia do Sul, se revelaram modelos de controle com testagem em massa e fornecimento de máscaras de boa qualidade a toda a população. O recrudescimento atual em países que haviam controlado a transmissão, entre eles o Uruguai, nosso vizinho, deve-se não apenas ao aparecimento e à disseminação de novas cepas virais, mas também ao relaxamento dessas medidas.

Hoje nos impressiona – e podemos dizer que nos encanta – a busca incessante por medicamentos que se provem efetivos para a doença em seus diferentes estágios, em especial para formas leves e moderadas e em pacientes não hospitalizados, que representam a grande maioria de casos e são, portanto, capazes de gerar impacto na morbimortalidade. Nesse sentido, trazem esperança e expectativa de adoção para uso clínico os antivirais em estudos específicos para a Covid-19 após a aprovação regulatória do remdesivir, este com recomendação de uso restrito em pacientes de terapia intensiva fora de ventilação mecânica. Entre esses antivirais, estão o favipiravir e o molnupiravir, já testados em estudos de fase 2, com resultados animadores, e prestes a iniciar estudos de fase 3, inclusive no Brasil, com a vantagem de permitirem administração oral por curto período.

Sabendo que as manifestações mais severas de Covid-19 são associadas à exacerbada reação imunológica desencadeada por várias interleucinas, tornam-se mais estimulantes os estudos com anti-inflamatórios, com anticorpos monoclonais e com imunomoduladores, como o baricitinibe e o tofacitinibe, que atuam como inibidores da enzima janus quinase (JAK). Seu mecanismo de ação é combater a fase inflamatória da doença quando a liberação excessiva dessas citocinas se torna tóxica para a pessoa. Em estudos recentes, e em associação com o corticosteroide dexametasona, mostraram resultados terapêuticos positivos igualmente. Sigamos a ciência e confiemos.

66 / DO PRESENTE ÀS NOVAS AMEAÇAS

6 de julho de 2021

Após um ano e meio da descoberta do Beta Coronavírus Sars-CoV-2, vírus da síndrome respiratória aguda grave, que resultou na pandemia da Covid-19, está estabelecida a origem do problema. Apesar de hipóteses de que o vírus pudesse ter se originado a partir de algum escape de experimentos em laboratórios, o que não se mostrou plausível até o momento, fica claro que a pandemia tem como origem um vírus que atravessou a barreira animal, encontrando condições propícias de disseminação entre humanos, com características peculiares de replicação viral, alta transmissão e progressão da doença.

Originário dos morcegos, esses animais gregários e de alta temperatura corporal que albergam muitos vírus em seus organismos, e se valendo de um vetor mamífero, o Sars-CoV-2 encontrou as condições ambientais e culturais na China a partir do hábito local de ingestão de carne animal exótica, a exemplo de viroses respiratórias anteriores. Discussão presente no meio científico dos últimos anos vinha ocorrendo em torno da expectativa de uma nova epidemia ou pandemia por vírus *influenza*, e sabíamos que as coronoviroses anteriores, como foram a Sars e a Mers, foram contidas sem maior força de transmissão. Resta, portanto, a indagação dos múltiplos porquês da enorme disseminação da presente pandemia e nos falta uma resposta global a ser dada, com base nos melhores preceitos científicos.

Com a avalanche de conhecimento gerado nesse período a partir de milhares de publicações científicas, tem sido cada vez mais frequente o interesse leigo, por assim dizer, em entender do que estamos tratando. É estimada pelos microbiologistas a existência de 1 trilhão de espécies de microrganismos, entre os quais, 5 mil vírus e 300 mil bactérias, além de fungos, protistas e príons, cujo exemplo mais grave é a doença da vaca louca, transmitida por ingestão de carne contaminada e sem tratamento.

Por outro lado, o corpo humano é constituído de 30 trilhões de células e do mesmo número de micróbios. Destes, a grande maioria é considerada saprófita, ou seja, não causadora de doença, ou mesmo benéfica, auxiliando na digestão, por exemplo. Sabe-se que cerca de 1.400 microrganismos são patogênicos para o homem e não há dúvida de que esse número é crescente, por múltiplas razões – ambientais, biológicas e culturais. Os cientistas, nesse sentido, já previram a inexorabilidade de novas epidemias. Não há conjectura de sim ou não, mas de quando, se pensarmos, sobretudo, nas condições e modificações predatórias do planeta e no desafio enorme de acompanhar as mutações virais e a emergência de variantes, resultantes da permanência do patógeno na comunidade.

No Brasil, neste meio de ano, a pandemia tem dado sinais de arrefecimento, atestados através da menor taxa de ocupação de leitos hospitalares e da redução na taxa da média móvel de mortes por semana, porém ainda não é possível celebrar ou vislumbrar controle epidemiológico na transmissão. Sem dúvida, esse quadro resulta da vacinação aplicada até o momento, especialmente em faixas etárias mais idosas, embora muito aquém do desejável no geral. Se as chamadas medidas não farmacológicas, como isolamento, distanciamento físico e uso de máscaras, tão fundamentais desde sempre, estivessem sendo respeitadas e em adesão desejada, decerto poderíamos considerar um melhor prognóstico.

67 / TEMPO, NÚMEROS E SIGNIFICADO

13 de julho de 2021

Semana prolífica de dados, datas e efemérides, lembrados nos mais diversos ambientes e meios de comunicação. Passamos pelos quinhentos dias do primeiro caso diagnosticado de Covid-19 no Brasil, quando a doença aqui chegou sem nos dar trégua trazendo a cepa original de Wuhan, na China, via Europa como se fosse uma "pneumonia atípica". A curva de aprendizado por ela gerada, para que a entendêssemos como uma doença sistêmica, trombogênica, capaz de comprometer a microcirculação em todos os órgãos através de mecanismos inflamatórios complexos, foi e é permanente. Hoje, nosso maior desafio é lidar com as sequelas da chamada "Covid-19 longa", presente em cerca de 80% dos que se curam, comprometendo diferentes sistemas do corpo com diversos graus de gravidade. Desse modo, a reabilitação pós-Covid-19 exige serviços multidisciplinares, a serem implementados na estrutura do SUS, visando à recuperação funcional de milhares de pessoas.

Sem razão para celebrar a redução de mortes diárias, porquanto mantemos mais de mil óbitos diários no país, contamos esse luto imenso de quase 550 mil brasileiros mortos pela pandemia e assistimos a uma cobertura vacinal de menos de 15%, que, ainda longe do desejável, já resulta em impacto importante nas hospitalizações.

Nesses mesmos dias comemoram-se 150 anos do nascimento de Marcel Proust (1871-1922), certamente um dos autores mais influentes do século XX, por sua monumental *Em busca do tempo perdido*. Não apenas pelo tempo que levou para ser escrita, em seus sete volumes, mas pela densidade da narrativa exasperante de um cotidiano sacralizado, a obra tornou-se atemporal e desafiadora até os nossos dias. Curioso que vários grupos neste tempo pandêmico, de rotinas novas, tenham se dedicado a essa bela aventura de busca da memória proustiana.

Assistir de longe ao centenário de Edgar Morin, o grande pensador e humanista francês, é impressionante a muitos e, para mim, também emocionante, pela longa amizade que nos une neste momento tão grave, de tantas dúvidas. Criador do pensamento complexo e dos sete saberes na educação, lúcido, Morin pensa e intervém com argúcia sobre o impacto da pandemia em nossas vidas à luz de tantos inesperados pelos quais passou em sua longa vida. Olha com perspectiva e esperança o futuro. Sua prodigiosa memória se revela uma vez mais em seu último livro, *Leçons d'un siècle de vie* (Lições de um século de vida), publicado há um mês. Nele, traduz o melhor do humanismo do nosso tempo ao narrar autobiograficamente sua trajetória, sua identidade, e as múltiplas vivências que atravessam a história do século XX, com a preocupação de nada ensinar, mas "contar lições de uma experiência secular e de um século de vida para serem úteis a alguém, não apenas para se interrogar sobre sua própria vida, mas também para encontrar seu próprio caminho".

Esse é o Edgar, que aos 98 anos recebemos em memorável sessão do grupo Humanidades da Saúde no Rio de Janeiro, discorrendo sobre ciência e humanismo, e que, em reunião social, nos surpreendeu e encantou ao declamar "Le lac" (O lago), do poeta Alphonse de Lamartine (1790-1869). No melhor romantismo, fala o tempo: "Nem ainda guardaremos suas pegadas? / Para onde vão as delícias que devoras, / Que fazeis eternidade, sombras abismadas, / das deglutidas horas?"

68 / VARIANTES NOVAS, VACINA NELAS!

20 de julho de 2021

Diante da avalanche de informações médicas e científicas disponibilizadas nestes tempos pandêmicos, tornou-se inevitável lidar e nos familiarizarizarmos com números e taxas: estamos perto de chegar a 10% da população brasileira contaminada pela Covid-19, com quase 20 milhões de casos notificados e 550 mil mortes. Muitos curados, mantendo-se a proporção epidemiológica inicialmente estabelecida de que 80% dos casos seriam leves, autolimitados e sem necessidade de hospitalização.

Permanecem verdadeiros os conceitos dos "grandes espalhadores", 10% de infectados que seriam responsáveis por 90% dos casos, mesmo com o surgimento de novas variantes virais como a cepa Delta, cuja capacidade de transmissão é reconhecida como muito superior à das demais, inclusive à da Gama, predominante no Brasil até agora. Por essa razão, perguntamo-nos se será apenas uma questão de tempo até que a nova cepa ganhe essa competição biológica com a Gama, mostre sua face e redesenhe outro cenário epidemiológico de transmissão e gravidade.

Nos Estados Unidos, com metade da população adulta vacinada, vê-se o incremento de notificações com mais de 30 mil casos em um dia, e no Reino Unido, mais de 50 mil. Prenúncio do que ocorreria aqui? Impedir a transmissão da nova cepa não parece plausível, uma vez que já circula em vários estados, mas como suavizar seu impacto senão com a manutenção ou a retomada de medidas restritivas, de par com o avanço consistente da vacinação, sobretudo em grupos mais jovens?

Contabilizamos seis meses do início da aplicação das vacinas no Brasil, sabidamente atrasado em relação a outros países, que haviam começado em dezembro do ano passado. Perdemos o *timing* da negociação de vacinas, a despeito dos excelentes estudos de fase 3 que aqui se desenvolveram com Pfizer e Janssen, além da CoronaVac e da AstraZeneca, para assegurar as evidências de eficácia e subsidiar os processos regulatórios. Com a produção nacional da CoronaVac pelo Butantan e da AstraZeneca pela Fiocruz – esta, hoje, majoritária em número de doses ofertadas –, alcançamos pouco mais de 40% da população com uma dose aplicada e pouco mais de 15% imunizada com duas doses. É pouco para fazer frente à ameaça real de transmissão sustentada pela nova cepa Delta. Grupos de pesquisa em virologia, como da UFRJ, têm sequenciado cerca de setecentas amostras por mês somente do Rio de Janeiro, num esforço de sairmos da taxa de menos de 1,0% de cepas genomicamente estudadas. A título de comparação, o Reino Unido sequencia 10% das cepas detectadas em casos nacionais.

Como operar nosso cotidiano e imaginário com tantas cifras, índices, taxas e proporções sem pensar na transcendência de cada um desses achados? Historicamente, negar uma experimentação com bom resultado pode ser lido como uma negação de justiça.

Se olharmos a velocidade e a gravidade com que se deram as primeiras pestes, vemos como seus contemporâneos sobreviveram a elas quase ao acaso, ou por seleção natural darwiniana – os mais fortes. Na presente pandemia, mais do que em todas as anteriores, vigoram inapelavelmente a ciência, seus avanços e a profunda empatia. Nesse sentido, opor bem-querer e vigilância sanitária *lato sensu* é mais que incongruente, injusto.

69 / CIÊNCIA É VERDADE REVELADA

27 de julho de 2021

Saímos de uma semana de ganhos e de preciosas demonstrações de efetividade das vacinas para a Covid-19 em uso no Brasil. Estudos de excelente qualidade, com a participação de pesquisadores brasileiros da Fiocruz, revelaram a efetividade da vacina CoronaVac em duas doses em profissionais da saúde do Amazonas, área de grande e precoce circulação da variante Gama. Outro estudo, feito com a população de São Paulo, aponta proteção acima de 93% contra mortes com duas doses da vacina AstraZeneca/Fiocruz. Esses experimentos, realizados no mundo real com recortes de vacinados de diferentes idades, ratificam a elevada capacidade de produção científica brasileira e o compromisso de informar à sociedade a verdade sobre todos os resultados.

"A mais bela e profunda experiência que o homem pode viver é a do mistério", nos ensina Albert Einstein. Poderíamos interpretar concordando, no sentido de evocar a curiosidade humana pelo seu melhor – em outras palavras, através da ciência –, pela busca incessante da determinação de causalidade ou de acaso, através dos mais rigorosos métodos. Se precisaremos de doses de reforço às vacinas existentes ou se os experimentos com vacinas de plataformas heterólogas serão mais vantajosos em assegurar os correlatos de proteção, saberemos em alguns meses mais.

Resiliência, capacidade de adaptação, novos protocolos, novos comportamentos pessoal e coletivo, distanciamento físico, uso de máscaras, gestos de afeto contidos, tudo isso, mais que conceitos abstratos ou meros procedimentos, conformam o que há tempo se popularizou como "o novo normal". Após um ano e meio da pandemia de Covid-19 grassando no mundo, todas as descobertas, cujo exemplo maior são as vacinas, as decepções, em particular com os fármacos testados em reposicionamento, e os exercícios proselitistas de pseudociência nos dirigem a cenários prospectivos da medicina. Permitem que revisemos, entre tantos desafios e dúvidas, verdades e mentiras reveladas, até mesmo o Juramento de Hipócrates, *primum non nocere*.[19] Com a divisa do grande Paracelso, extraordinário médico suíço do século XVI que viveu sob o lema "a medicina é toda amor", reiteramos em nosso cotidiano que a honra da medicina e a sua complexidade repousam sob uma aliança entre o dever da ciência e o dever de humanidade, ou do que seja tratar qualquer empirismo com olhar crítico inarredável.

Em nossas vidas, aprendemos que a inquietude em relação ao destino da raça humana não é muito permanente em nossos imaginários. Quando a vida se mostra satisfatória para muitos, ainda que, iniquamente, seja o oposto para muitos outros, desígnios parecem aflorar. E nem grandes impérios, nem sociedades isoladas, ilhas longínquas, nenhum lugar, ninguém foi poupado diante da magnitude de um fenômeno biopsicossocial como o que vivemos no presente.

No mundo obscuro da fatalidade, fazer escolhas dolorosas entre os semimortos e os quase vivos, ou a assim chamada "escolha de Sofia", como inacreditavelmente se aplicou como modelo de definição de uso de leitos de terapia intensiva entre nós – inclusive em países desenvolvidos como Itália e Espanha, duramente atingidos no início da pandemia –, são fatos que nos deixam cicatrizes indeléveis, a conciliar, como sempre, o melhor do equilíbrio entre cuidado e razão, sem simulacros.

19/ *Traduzido do latim, "antes de tudo, não fazer o mal".*

70 / DEPOIS DA DELTA, A ÉPSILON?

3 de agosto de 2021

Sabemos que vírus são microrganismos centenas de vezes menores do que as bactérias, que 80% deles infectam animais antes de seres humanos e que são mutantes por sua própria natureza – essencialmente, um pequeno pedaço de material genético com 400 a 900 genes encapsulado em concha proteica denominada capsídeo.

Vírus são negados como seres vivos por muitos cientistas, uma vez que para se reproduzirem, precisam de uma célula viva, razão pela qual, ao contrário das bactérias, não podem ser cultivados num meio de cultura como numa placa de Petri.[20] É justamente pela ausência de capacidade metabólica que se deve invadir uma célula viva de hospedeiro para ganhar energia e se reproduzir.

Além dos vírus *influenza* dos gêneros A, B, C e D, dos quais os três primeiros causam doença em humanos – sendo o gênero A o grande causador das epidemias ou pandemias – existem quatro grupos grandes de vírus. Os retrovírus, que incluem o sarampo, a gripe, febre amarela e a aids, não têm DNA, mas apenas duas fitas de cópias de RNA. O grupo dos filovírus, que inclui o ebola e as febres hemorrágicas como a de Marburg, contém apenas um filamento de RNA envolto em membrana. Ainda que tenha demonstrado ter seus reservatórios ou habitat em animais como os morcegos, guardam muitas informações misteriosas. Dos flavivírus, de nome que vem da palavra latina para a coloração amarela, se inclui a dengue, a febre do Nilo, encefalite japonesa B e zika. E finalmente os coronavírus, cujo nome deriva do formato de sua cápsula em coroa composta pelas projeções da proteína espícula (Spike). Descobertos na metade da

20/ *Recipiente transparente em formato cilíndrico utilizado por profissionais de laboratórios de microbiologia para cultivo de microrganismos ou de células.*

década de 1960, foram os causadores das epidemias de Sars (síndrome respiratória aguda grave), em 2003, e da Mers (síndrome respiratória do Oriente Médio), em 2012.

Como é de se esperar, as epidemias de vírus respiratórios agudos desapareceram, ao contrário da endemicidade legada pela presente pandemia, haja vista o alcance universal de sua dispersão.

Entre as mutações ocorridas no Sars-CoV-2 original, desde a cepa Wuhan, em diferentes locais do planeta, a nomina adotada de letras gregas para chamar as cepas consideradas "de preocupação" – quatro até o momento (Alfa, Beta, Gama e Delta) – é uma maneira de não estigmatizar o local da origem da mutação. Conhecendo a imensa capacidade de transmissão da denominada cepa Delta, várias vezes superior à da original, e considerando o risco real que se torne dominante, inclusive no Brasil, é de se perguntar, à luz da baixa cobertura vacinal completa no mundo e da desigualdade de acesso aos imunizantes, se precisaremos denominar uma futura mutação, seguindo o alfabeto grego, ou se teremos novas ondas de morbimortalidade atenuada ou pior, como ocorreu na gripe espanhola, que, na segunda onda, foi mais letal que na primeira.

Em meio a tantas angústias do mundo real, sobretudo quanto à efetividade conferida pelas vacinas ora disponíveis, nos vemos entre percalços, surpresas, descobertas e decepções durante este já longo período pandêmico. Mas não pensamos que chegaríamos a ponto de ter que avaliar o impacto que pessoas não vacinadas, por qualquer razão ou convicção obscurantista, podem causar a outros.

71 / DESCOBERTAS E DECEPÇÕES TERAPÊUTICAS

16 de agosto de 2021

Após um ano e meio da epidemia de um novo coronavírus, reconhecida como uma pandemia tardiamente, em março do ano passado, podemos dizer que a nossa mais intensa curva de aprendizado resultou em descobertas, redescobertas e decepções, especialmente em relação a soluções terapêuticas. O entendimento de que a doença que chegara como uma "pneumonia atípica" vinda da China era, na verdade, um quadro sistêmico caracterizado por intenso comprometimento da microcirculação em todo o corpo e, portanto, de grande ação trombogênica, explica sua definição, ora adotada de uma endotelite.[21]

As decepções foram se materializando ao longo dos primeiros meses da pandemia, com os estudos clínicos de reposicionamento de fármacos como cloroquina, ivermectina, nitazoxanida e outros. As evidências revelaram que tais fármacos não tiveram ação nem profilática de agravamento nem terapêutica em casos leves, moderados ou graves.

Antivirais conhecidos e há muito utilizados para tratamento de aids, como lopinavir e ritonavir, tampouco se mostraram úteis em estudo do Solidariedade, muito bem conduzido e em múltiplos países. A descoberta de um novo antiviral como o remdesivir, ainda que relevante nos resultados originais, permitindo reduzir o tempo

21/ *Doença que atinge o endotélio, camada celular que envolve os vasos sanguíneos. Estudos apontam que a Covid-19 pode, frequentemente, fazer uso de órgãos hipervascularizados como ponte para inflamações através dos receptores ACE2, encontrados no tecido endotelial, atingindo o sistema de defesa e comprometendo o sistema vascular, além de diversos órgãos, sobretudo os pulmões.*

de internação em terapia intensiva, não se mostrou indispensável. Sua indicação hoje é para pacientes graves, porém fora de ventilação mecânica e doente há menos de dez dias.

Medicamentos imunobiológicos, anticorpos monoclonais com novas indicações, como o sotrovimabe, já com pedido de licença emergencial no Brasil, mostram boa perspectiva de incorporação. Outros novos antivirais, como molnupiravir e favipiravir, que ora iniciam estudos de fase 3, revelam-se igualmente plausíveis para tratamento profilático em contatos de casos de Covid-19 e em formas leves e moderadas pela facilidade de seu uso oral.

O estudo inglês Recovery foi seminal na demonstração do primeiro fármaco capaz de reduzir a mortalidade na Covid-19, a dexametasona, um conhecido corticosteroide há décadas utilizado para outros fins que representa o que se pode chamar de grande redescoberta.

A atividade trombogênica da doença resultou na otimização de fármacos anticoagulantes, que hoje fazem parte dos protocolos de todos os serviços hospitalares, de par com o uso racional de corticoides, e eventualmente de antibióticos, quando há infecção bacteriana associada.

Outras práticas, como modos mais conservadores de ventilação com otimização de técnicas não invasivas, com uso de máscaras e oxigênio em baixo ou alto fluxo, posição prona ativa, inclusive em casos moderados, reduziram a intubação precoce amplamente adotada nos momentos iniciais, certamente interferindo na morbidade de procedimentos.

Desse período resulta ainda o extraordinário feito da arma mais poderosa para conter o avanço da epidemia, que são as vacinas, hoje com mais de uma dezena aprovada regulatoriamente para aplicação. Permanece, entretanto, a grande questão que envolve a equidade e o acesso a elas, longe de permitir uma solução.

Resta desse balanço do maior desafio médico do momento, o conjunto de sequelas da Covid-19, que atingem, em diferentes intensidades, quase 80% dos que passam pela doença. Respiratórias, neurológicas, vasculares e até psiquiátricas, exigem serviços multidisciplinares de grande qualidade para reabilitação.

72 / PRAGMATISMO PODE SER CIÊNCIA

23 de agosto de 2021

Muitas certezas, várias questões em aberto, e a cada dia uma constatação do previsto e/ou uma descoberta. Conhecendo a taxa de transmissão, inferimos que precisávamos alcançar alto percentual de cobertura da população para conter o número de casos graves e de mortes pela Covid-19, para, num segundo momento, muito provavelmente com vacinas de segunda geração, podermos interferir sobre a transmissão.

Está claro, hoje, que todos teremos que tomar doses de reforço vacinal, independentemente das vacinas que recebermos – com orientações distintas para as diferentes plataformas vacinais, porém com o objetivo comum de impedir casos graves e hospitalização pela Covid-19. A efetividade contra infecções novas, que deveria contar com a variável tempo e a eventual chegada de variantes mais agressivas, é, no momento, secundária frente às formas graves da doença. A despeito de incertezas nesse universo epidemiológico tão novo, no qual não se poderá ter uma solução única a ser oferecida para todas as vacinas, fica cada vez mais demonstrado, pelos estudos que se sucedem, que a intercambialidade de plataformas vacinais será o mais indicado no sentido de permitir maior imunidade, especialmente aos mais idosos e às pessoas com doenças imunológicas. E essa medida deverá ser imediata, prescindindo do tempo para novas evidências, no pragmatismo que medidas de saúde pública exigem.

Muito já se demonstrou quanto a intervalos de doses e à produção de anticorpos neutralizantes, como com a vacina de Oxford, a AstraZeneca, na qual os intervalos de doze semanas, mais do que uma simples medida sanitária com o objetivo de cobrir o maior número de pessoas, já seriam justificados. Por outro lado, recente estudo publicado na revista *Lancet* com quinhentos indivíduos mostra um excelente resultado em termos de praticidade e eficiência com a associação das plataformas de vacina com vetor de adenovírus e outra dose de RNA mensageiro, suprindo eventuais faltas de uma vacina.

A definir, portanto, os grupos prioritários iniciais e as faixas etárias, cronologicamente se iniciando pelos mais idosos, pois estudos já demonstraram de forma consistente que a proteção conferida é efêmera e muito inferior à oferecida aos mais jovens. Países têm tomado medidas nessa direção e começam campanhas sistemáticas de doses de reforço vacinal desde o advento da variante Delta e dos casos de reinfecção com necessidade de hospitalização, revelando falha vacinal.

A queda da imunidade após seis meses é fato, tanto para quem teve a doença como para vacinados mais velhos. Uma dose de reforço seria capaz de aumentar a produção de anticorpos neutralizantes em até dez vezes após duas semanas. Até o momento, reunindo toda a avalanche de informação científica gerada e publicada nas últimas semanas, parece consensual a aplicação de uma terceira dose para todos os idosos acima de setenta anos, pessoas com imunodeficiências e, no caso brasileiro, profissionais de saúde vacinados com a CoronaVac há mais de seis meses.

Há que se entender, entretanto, que medidas como essa, de doses de reforço vacinal, não são panaceias a emular crenças em fármacos, como já ocorreu, particularmente no Brasil. Precisam ser criteriosamente adotadas e aplicadas com acompanhamento da vigilância epidemiológica.

A historiadora médica alemã Barbara Duden (1942-), que foi a grande colaboradora do pensador e polímata Ivan Illich (1926-2002), ensina que na saúde e na medicina, em especial, temos que compreender que precisamos nos libertar não de técnicas ou instituições, como dos dogmas, mas sim das representações e dos modos de percepção que elas possam gerar. Isso pode ser traduzido para os dias atuais a partir dos conceitos de equidade (ou acesso) e de transdisciplinaridade, tão necessários e sustentáculos de qualquer modelo de trabalho sanitário bem-sucedido.

73 / EXPERIÊNCIA, EXPERIMENTO E ESPERANÇA

30 de agosto de 2021

"Mesmo sem naus e sem rumo, mesmo sem vagas e areias,
há sempre um copo de mar para o homem navegar"
Jorge de Lima

No momento em que o mundo se curva à conscientização compulsória da gravidade da pandemia de Covid-19, por força da circulação de novas cepas muito mais transmissoras, como a Delta, hoje a caminho da predominância em diversos países, inclusive no Brasil, urgem medidas sanitárias ao mesmo tempo harmônicas e corajosas. O norte dessas medidas precisa ser não apenas a manutenção do controle epidemiológico, mas também a transparência no fornecimento da informação à sociedade e, sempre que possível, com uma mensagem de confiança.

Observando o percentual de vacinados, incluindo o Brasil, com apenas um terço da população imunizada com duas doses, e outras realidades, como a dos Estados Unidos, ainda com 40% da população sem se vacinar, e a França, alimentando movimentos *anti vax*, como são chamados, estamos dando apenas alguns exemplos que se somam à falta de equidade no acesso às vacinas. Os quantitativos produzidos de 2020 em diante chegam à marca de pouco mais de 4 bilhões de doses. Para uma população no planeta de 8 bilhões, e com a maior parte das plataformas vacinais em duas doses, não conseguiremos sequer chegar a uma terça parte da humanidade vacinada neste ano. A OMS fala em alcançar pelo menos 10% da população mundial em 2021. Como vislumbrar o fim da pandemia com o relaxamento das medidas ditas não farmacológicas, como ora se vê?

Longe de ter em si mesmas a vertiginosa velocidade de outros feitos humanos, as descobertas na ciência têm seu tempo de maturação longo entre a descoberta e o uso prático. Quando se trata de fármacos ou vacinas, cumpre passar depois do desenho exploratório por testes toxicológicos, fases pré-clínicas, aprovação ética para as fases clínicas, até o registro e licença regulatória para, finalmente, obter-se aprovação emergencial ou definitiva e disponibilização para uso.

O impacto da pandemia nesse cenário revela o extraordinário feito de mais de cem grupos estudando diferentes plataformas de vacinas e mais de dez aprovadas para uso clínico em menos de um ano, com todas as etapas cumpridas. Aprendemos a lidar com a urgência na criação, mas não aprendemos a tornar acessível e equânime o seu resultado.

O mundo precisará ser reconfigurado de acordo com suas diferentes culturas. Pelo que vemos, pessoas e culturas assemelhadas se aproximarão e os diferentes, tristemente, se afastarão. Na intolerância gerada pelas crises identitárias, e pela tragédia sanitária que se abate no mundo, olhamos sem espanto a exacerbação do sangue, das crenças, da fé e da família, no seu pior sentido. De acordo com os horrores de que temos sido testemunhas, como o abandono radical do Haiti, terra de tremores e de inundações, do povo doce sob o jugo da inaudita violência miliciana, onde, para a vergonha de todos, quase ninguém foi vacinado, o que explica que não tenha havido no mínimo uma doação de vacinas para uma população tão pequena? Como explicar às nossas crianças, às quais ensinamos liberdade e limites com a pedagogia do afeto, o que se passa no Afeganistão, onde as mulheres e seus corpos prisioneiros nas burcas não têm mais horizonte? E que, além disso, nem elas nem suas crianças serão vacinadas, por imposição dos dogmas mais obscurantistas?

Sem recusar a cientificidade formal que torna os textos científicos e por vezes as descrições das descobertas tão complexos, buscamos hoje um olhar novo, adoçado pela maior curiosidade e nutrido pelo melhor humanismo.

Se o nascimento da medicina foi clínico e seu desenvolvimento, semiológico, seu período de glória foi e é científico, e seu futuro será necessariamente humano e social. Entretanto, essa medicina do olhar o outro só evoluirá sobre esse marco se permanecer fiel à grandeza das descobertas dos dois últimos séculos e da singularidade criada pela pandemia: o zelo pela ética, o rigor metodológico, o espírito crítico permanente, a recusa de dogmas e de ideias preconcebidas e a consideração do demonstrado pelo experimento científico. Hoje, como ontem, essa exigência permanece.

74 / CONTROLAR E TRATAR SERÁ POSSÍVEL

6 de setembro de 2021

"Viver uma experiência e não a transmitir seria como traí-la", nos diz Elie Wiesel, o grande escritor Nobel da Paz em 1986, com seu doloroso registro pessoal e histórico sobre o Holocausto. Medidas as proporções, o que estamos vivendo – o que se poderia chamar de fenômeno demarcador de nossas vidas – talvez seja a maior lição da tragédia humanitária, muito mais que crise sanitária. Permanecem agudas as perguntas, tão percucientes quanto angustiadas: quando vamos conseguir controlar a pandemia? Além das vacinas para prevenir, como e quando poderemos tratar a doença Covid-19? Como pensar em cura com tantas sequelas já descritas?

Somaram-se as tantas tentativas frustradas de fármacos com suposta ação na replicação viral, testados em modelos de reposicionamento, como o foram alguns antimaláricos e vermífugos. Aos modestos e questionáveis resultados, acrescentam-se as aventuras terapêuticas irresponsáveis, impunemente utilizadas e distribuídas, a iludir milhares de pessoas que, no afã de obter um tratamento, delas fizeram uso, particularmente no Brasil.

Com base no conhecimento de que para toda virose respiratória aguda a mais poderosa arma é a vacina, descortina-se nesse cenário o feito extraordinário de produzir vacinas bem concebidas e testadas para uso humano em tempo recorde, quando, tradicionalmente e cumprindo todas as etapas, isso poderia levar até dez anos.

Após quase dois anos da descoberta do vírus Sars-CoV-2, e com o surgimento de variantes muito mais transmissíveis do que a cepa original, segue mantida a proporção de 80% de casos leves e moderados e sem necessidade de hospitalização, para os quais urge encontrar um tratamento capaz de controlar a transmissão e impedir o agravamento. Para os casos graves e em terapia intensiva, mais do que nunca fica demonstrado que as boas práticas de manejo foram as responsáveis pela baixa mortalidade em serviços de boa qualidade de recursos humanos e uso adequado da tecnologia.

Na linguagem metodológica que praticamos, é normal testar hipóteses de superioridade ou de inferioridade em relação a práticas e procedimentos já estabelecidos, a fármacos ou a esquemas de tratamento frente a novas descobertas. Nesse sentido, é uma luz no fim do túnel a possibilidade real demonstrada por estudos de muito boa qualidade metodológica de fases 1 e 2 que iniciam a fase 3 agora, em modelos duplo-cegos, controlados por placebo para determinar eficácia e segurança.

Estudos multicêntricos, incluindo sítios no Brasil, começam agora com o uso de antivirais como Profilaxia Pós-Exposição (PEP) em contatos de casos domiciliares de Covid-19, caso do molnupiravir, e outro para casos leves e moderados, como o favipiravir, ambos com a facilidade de uso oral por poucos dias. Fica claro que, quando houver medicamentos que possam efetivamente interferir sobre a transmissão, reduzindo a carga viral populacional, estaremos no bom caminho para o controle e a cura da doença.

De par com essas belas avenidas de prospectiva terapêutica, chegam os anticorpos monoclonais e os fármacos anti-inflamatórios, também orais, em especial os inibidores da enzima janus quinase (JAC), como o baricitinibe, que, em estudos de fase 3, como o CoV-Barrier, publicado há alguns dias, duplo-cego e randomizado, comparado com placebo, avaliou a segurança e a eficácia em combinação com boas práticas clínicas, incluindo o uso de dexametasona em pacientes adultos hospitalizados com Covid-19. Avaliou como desfecho igualmente a mortalidade dos tratados aos sessenta dias. A conclusão baseada nessa evidência clínica permite afirmar que esse tratamento oral é potencialmente efetivo para a redução da mortalidade.

Outros estudos semelhantes seguem em desenvolvimento, associando-se anti-inflamatórios a antivirais, como o remdesivir, cujos resultados devem ser publicados nos próximos meses.

75 / CONSCIÊNCIA DESCONSTRUINDO MITOS

21 de setembro de 2021

Nada mais atual, após esta semana de relevantes notícias sobre o processo de vacinação, do que manter a aplicação de doses de reforço em grupos vulneráveis (idosos e imunodeficientes) no Brasil, conforme indicam as publicações médicas, reiterando o efeito inquestionavelmente benéfico de vacinar. A prestigiosa revista *New England Journal of Medicine* publica o estudo desenvolvido em Israel, demonstrando o efeito altamente protetor da dose de reforço com a vacina Pfizer em maiores de sessenta anos, vacinados cinco meses antes, contra doença grave. A pesquisa confirma o acerto da decisão sanitária de adotar essa medida colocando-a num patamar diferenciado e independente da discussão sobre acesso equânime às vacinas, como querem confundir alguns.

Sem dúvida nos é muito incômodo e o foi desde que, ao fim de 2020, nos demos conta de que dez países concentravam a aquisição de 75% da produção mundial de vacinas e de que o Mecanismo Covax, salvaguarda esperada para os países mais pobres, não conseguiria assegurar, no ritmo necessário, acesso a essas populações.

Vacinas foram concebidas, desenhadas, resgatadas de experiências anteriores, testadas em estudos de grande qualidade e registradas regulatoriamente, num exemplo maior do que o homem pode criar, com empatia e eficiência. A realidade, entretanto, é que menos de 1% da população do Hemisfério Sul e apenas 10% dos países de economias médias estão completamente imunizados. Visto que a doação ou os atos de caridade tampouco resolvem, estão, portanto, na ordem do dia a questão da cessão de patentes e a da manufatura de vacinas destinadas a esses países.

A turbulência desnecessária e a disseminação de insegurança após a inoportuna portaria[22] do Ministério da Saúde nos últimos dias geraram imediatas decisões sanitárias contrárias de prefeitos e secretários, da Anvisa e da Associação Médica Brasileira (AMB), desconstruindo a confusão e resgatando uma salutar confiança de pais e responsáveis frente ao álibi biológico gerado por razões políticas.

O mito de Sísifo, sabemos, é um ensaio filosófico escrito por Albert Camus, de 1941, no qual o autor introduz a filosofia do absurdo, qual seja, o homem em busca do sentido diante da vida. Sísifo é o personagem da mitologia grega condenado a empurrar uma pedra até o topo da montanha, mas quando quase alcança o feito, vê a pedra rolar montanha abaixo, impelida por uma força irresistível, instando-o a repetir eternamente o esforço despendido. Para Camus, o homem vive em busca de seu sentido no mundo, ainda que o encontre muitas vezes desconexo e guiado pelo equívoco das religiões e ideologias políticas. Como transpor para a realidade atual um nexo que não seja render-se – como o suicídio – e, sim, o rebelar-se, como em saudável desobediência civil a favor da vida? Em outras palavras, sobre uma base teórica precisa e revelada reiteradamente pela comunidade científica, resgata-se a riqueza da confiança como um fio condutor da boa relação entre prescritores e usuários.

No fértil terreno literário, encontramos outros paradigmáticos exemplos. O mito da caverna de Platão, na Alegoria da Caverna, traz a crítica sobre a ignorância e a importância da busca pelo conhecimento quando uma realidade se torna incômoda. É o caminho para se sair da inércia e do comodismo da verdade fácil, nutrida pela repetição quando o ambiente de insegurança e dúvidas é propício. Nessa metáfora, as correntes do preso na caverna representam o senso comum e a opinião pública (os pré-conceitos), que podem aprisionar as pessoas nesse nebuloso mundo de sombras.

Autores como Giorgio Agamben, filósofo italiano, têm dito que as crises, ou o que ele chama de "vida nua", afastam as pessoas, ce-

22/ *Publicada no dia 15 de setembro, a Nota Informativa no 01/2021 recomendou a suspensão da vacinação de adolescentes que não apresentassem comorbidades.*

gam e as separam exatamente pelo medo que elas têm de perder desde afetos, trabalho, convicções religiosas e políticas. Respeitosa e modestamente, ousaria discordar. Neste momento pandêmico, atitudes como manter distanciamento físico, usar máscaras e vacinar-se são muito mais do que gestos individuais, são o resgate do sentido mesmo da vida em coletividade.

76 / MITIFICAÇÃO E PSEUDOCIÊNCIA

28 de setembro de 2021

Seguimos em dias de tensões, gafes, cenários de violações éticas e de desigualdade no acesso às vacinas no mundo. Contudo, vivemos dias também de novos espantos, com a perspectiva de controle da epidemia a médio prazo, de melhor ritmo da vacinação e de aceitação do passaporte sanitário como medida de controle justificável. Soma-se, ainda, a esperança do surgimento de novos medicamentos para tratar a doença, com os estudos ora em curso. E, com tudo isso, uma retomada das atividades nos parece um saudável advento. Seremos capazes de nos reintroduzir nas rotinas com olhar novo?

José Eduardo Agualusa nos escreve sobre o que é essencial no mundo de hoje, desmascarado em sua contaminação pelo consumo compulsivo, quase sempre suntuário. "O que poríamos numa mochila, a dormir conosco em caso de urgência?", pergunta-se. Tantos registros outros há na literatura a nos remeter para essa reflexão e a nos fazer lembrar do essencial, do humano, do que encerra empatia e solidariedade.

Sabemos que conflitos propiciam o melhor e o pior do homem, igualmente. Entre outros experimentos inenarráveis durante a Segunda Guerra Mundial, marcada pelos horrores nazistas e as experiências com judeus, ciganos, grávidas, pessoas com deficiência e crianças, experimentos denominados criminosamente de pesquisas foram efetuados em prisioneiros em diferentes circunstâncias. Na penitenciária de Stateville, em Illinois, nos Estados Unidos, presos foram inoculados com malária com o propósito de testar a segurança e eficácia de novos medicamentos para essa doença. Na década de 1960, nas prisões de Washington e do Oregon, foi usada radioatividade nos testículos para verificar efeitos sobre a fertilidade, algo que viria à tona na imprensa da metade dos anos 1970. Entre outras, há a mais célebre experiência de má conduta científica e ética, a de Tuskegee, no Alabama, que durou, incrivelmente, de 1932 a 1942. Nela, sem consentimento, seiscentos presos sifilíticos foram observados, sem tratamento (lembrando que a penicilina já havia sido descoberta e já era usada em humanos em 1940), só iniciado em 1943 nos poucos 74 sobreviventes.

Esse último caso resultou na criação de vários institutos de ética médica. Aliás, já na década de 1950 o chamado Código de Nuremberg, por conta do que havia se passado na guerra, regulava diretrizes éticas de alcance universal para a pesquisa em seres humanos. Desde a Declaração de Helsinque, originalmente publicada pela Associação Médica Mundial em 1964 e que rege as chamadas boas práticas em pesquisa com seres humanos, não é admissível o uso de qualquer fármaco ou procedimento sem consentimento, informado ou assinado, da pessoa participante. Hoje, a discussão no campo da pesquisa básica e na clínica se pauta, inclusive, por substituir animais por modelos e sistemas não animais, como os computacionais ou, ainda, espécies usadas por outras menos complexas, como ratos por algum verme; reduzir o número de animais requerido tradicionalmente em testes; e amenizar o estresse e a dor de qualquer espécie.

No Brasil, temos o privilégio de contar com um modelo muito adequado de submissão de pesquisas através do sistema CEP-Conep (Comitê de Ética em Pesquisa e Comissão Nacional de Ética em Pesquisa), que assegura os direitos dos voluntários, define os grupos vulneráveis e dá segurança aos pesquisadores. Tem-nos auxiliado com agilidade na avaliação de trabalhos e facilitado a participação de pesquisadores brasileiros em estudos multicêntricos internacionais. Uma pesquisa, para ser considerada ética, deve respeitar o voluntário em sua autonomia e dignidade, para tal usando consentimento livre e esclarecido, deve reconhecer vulnerabilidades e pesar riscos e benefícios, garantir que riscos previsíveis sejam evitados e, em última análise, guardar relevância social ou um sentido de destinação sócio-humanitária de resultados.

Assim sendo, diante das indeléveis cicatrizes que nós, brasileiros, carregamos, com nossos quase 600 mil mortos pela pandemia de Covid-19, não há qualquer justificativa que permita encontrar um racional ético que justifique o uso de fármacos que há quase um ano já se demonstraram não apenas ineficazes, mas nocivos aos que contraem a doença.

77 / TAXAS, NÚMEROS E AINDA OS VELHOS MITOS

5 de outubro de 2021

Na semana em que os Estados Unidos atingem 700 mil mortes, com 43,5 milhões de casos de Covid-19, e o Brasil, 600 mil mortes, com quase 22 milhões de casos, nós nos perguntamos como chegamos até aqui. De pouco adianta considerarmos as diferenças de tamanho de população e, portanto, a desproporção nos números, tampouco quem teve o braço poderoso do SUS como arma salvífica, ou quem morreu em casa, porquanto não teve como pagar o serviço privado, como vimos em Nova York. Essas parecem frias questões estatísticas que, ainda que muito graves, esmaecem frente aos fatos atuais que vemos, sem surpresa, virem à tona no Brasil: o que chamaríamos de más práticas médicas, passíveis de esclarecimento, apuração e punição.

Se a qualidade de nossa presença no mundo está determinada por nosso equilíbrio emocional, psicológico e espiritual, essa vigilância do viver "aqui e agora" em momento tão inaudito e demarcador de nossas vidas exige igualmente a perda da inocência e a crítica permanente. Em meio ao desmonte desse esquema hospitalar e de uso compulsório de medicamentos que há mais de um ano sabíamos que não funcionavam para prevenção ou tratamento da Covid-19, revimos o documento que nós, um grupo de pesquisadores e médicos, escrevemos no ano passado, incluindo os resultados finais de estudos bem conduzidos e revisados por pares sobre a cloroquina e a ivermectina. Esse documento hoje se incorpora ao dossiê da CPI da pandemia do Senado por solicitação da mesma para subsídio científico.

Nesse clima, lendo a recentemente publicada biografia do professor Didier Raoult, *Raoult: une folie française* (Raoult: uma loucura francesa), procuramos entender como o criador obstinado do engodo da cloroquina, em meio à maior crise sanitária dos últimos cem anos no planeta, colocou lenha explosiva numa fogueira já bem ardente. Entendemos perfeitamente como personalidades de muita inteligência, capacidade de articulação e argumentação podem seduzir até dirigentes com um eficiente manipular das vaidades humanas.

Nascido em Dakar, no Senegal, filho de médico e exemplo de fruto dos estertores do império colonial francês, Raoult revela, em sua trajetória recente, uma vez mais, como paixões e crenças tomam o lugar da razão em tempos críticos. Com fotos suas em seu gabinete junto a várias personalidades, presidentes da república francesa e escritores famosos, como Michel Onfray, que esteve a seu lado em diversas aparições públicas, o doutor Raoult não era tão conhecido fora de suas lides, com pesquisas reconhecidas na área das rickettsioses, até que recebeu uma dotação milionária do presidente Sarkozy para seu instituto e iniciou uma profusão de publicações científicas. Bernard-Henri Lévy, o controverso filósofo contemporâneo que já adoecera de malária em suas viagens à África, chegou a incensá-lo como "um personagem fora do comum, maior que a própria vida".

Fundador de cinco *startups*, chamado de "druida, gaulês, sábio ou guru", genial para uns e charlatão para outros, Raoult nega qualquer veleidade financeira, mas foi após aportes de *grants* vultosos que, de modo corretamente premonitório, declarou que vírus emergentes seriam a grande ameaça deste século, comparável àquela das grandes pestes da Idade Média, e que a transmissão por aerossol seria inevitável. Bingo, mas, francamente, muitos de nós sabíamos disso e o próprio Bill Gates o dissera em entrevista dada em 2015. Com alarde, anunciou, ao fim de fevereiro de 2020, para um auditório lotado e mesmerizado por sua verve, como discípulos de Platão na Academia de Atenas, que "os pragmáticos chineses haviam descoberto que a cloroquina é ativa *in vitro*" e que essa seria "a mais fácil infecção respiratória a ser tratada". A partir daí, quando começaram as primeiras mortes pela doença na França, o professor Raoult entrou na vida cotidiana dos franceses quase que por efração, um arrombamento.

Resta sempre o alerta, que norteia nosso olhar cauteloso e crítico de médicos frente a quem insista em reiterar que "as pessoas interpretam o que elas veem e fazem suas ilusões".

78 / A HISTÓRIA SEMPRE NOS ENSINANDO

12 de outubro de 2021

Faz bem, quase terapeuticamente, cultivar um olhar prospectivo de esperança frente ao momento em que vivemos quando acordamos, ávidos, em busca dos números, das notícias e dos laivos de otimismo que nos nutrem a cada descoberta anunciada diante do inimigo invisível que partiu as nossas vidas, destruiu famílias, projetos, sonhos e desafiou a ciência e os homens como nunca nestes dois últimos séculos. Governantes e cientistas, ainda que sob discórdia, precisaram se irmanar em busca de respostas, e é nesse cenário que vimos nascer, concebidas e testadas, as vacinas, a solução sabida e esperada para conter uma pandemia de vírus respiratório.

Santo Agostinho, um dos santos mais antigos e mais modernos que conhecemos, já com seus cinquenta anos – proeza biológica no século IV – iniciava sua batalha contra as "heresias", vistas não como erros ou desvios, segundo rezava a tradição de então, mas como escolha, em outras palavras, como o diferente perante o *status quo* de um pensamento dominante.

Falar de luta contra as heresias, como tradicionalmente se dava, seria pressupor que existissem verdades inabaláveis, no caso, os dogmas, tidos como proprietários definitivos da mensagem das Escrituras. Nesse sentido, Agostinho assumiu um papel na constituição e orientação da Igreja, deixando de defendê-la como instituição monolítica ou hegemônica, e propagando uma abertura para a diversidade, reconhecendo as diferentes correntes de pensamento. É com sua veemência, muitas vezes considerada virulenta, porém com capacidade de traduzir com simplicidade informações complexas, e sua enorme consistência intelectual que consegue unificar a Igreja de sua época e se tornar universal e intemporal.

Transportado esse exemplo de força de pensamento tão seminal para os nossos dias, poderíamos compreender como a criação das supostas verdades científicas, repetidas *ad nauseum*, ora com habilidade convincente, ora impondo comportamentos, vingaria. Quer pela retórica oficial, quer pela anuência de instituições e de médicos, inclusive, como testemunhamos, operando sob o medo e a dúvida da sociedade diante da pandemia, experimentos viraram verdades assimiladas e tardaram a se desmistificar, mesmo após as chamadas evidências científicas serem demonstradas. Caberá à história contemporânea, propiciada pelos métodos de esclarecimentos pacíficos e justos, registrar e contar este momento como um brado antientropia e a favor da fraternidade.

Entre nós, seguimos atentos aos registros, aquecidos pelos dados de realismo que nutrem nossas atividades incessantes. De acordo com as últimas análises da Universidade Johns Hopkins (JHU), o Brasil, com quase 22 milhões de casos de Covid-19 e uma incidência de 101.300 casos por milhão de habitantes, enquanto a média do mundo é de 30.009; e uma mortalidade de 2.823 óbitos por milhão de habitantes, enquanto a média do mundo é de 612, conforma uma letalidade – óbitos x casos em percentual – de 2,79. Além dessas taxas tão preocupantes, a Covid-19 tornou-se uma das causas principais de afastamento do trabalho, quer pela doença quando presente, quer pelas sequelas observadas em diversos graus de gravidade em mais de 50% das pessoas.

Por outro lado, fontes confiáveis, como o Observatório Covid-19 da Fiocruz em seu boletim extraordinário, nos revelam a queda sustentada de mortes e a estabilidade nas taxas de ocupação de leitos de terapia intensiva de adultos na rede do SUS na maioria dos estados do país, todavia com taxas de transmissão ainda altas e a variante Delta permanecendo como dominante. Esse cenário epidemiológico confirma a importância das vacinas como a arma mais poderosa de combate à Covid-19, e alerta também sobre a necessidade da manutenção de medidas de proteção individual e coletivas como parte desse comportamento civilizatório.

Nestes dias em que por aqui iniciamos temerários eventos-teste, reunindo milhares de pessoas sem máscaras e supostamente sem doença, esperamos que o resultado não seja indesejado. No entanto, uma confrontação com o bom senso costuma ratificar o esperado.

79 / SEGUNDA PRIMAVERA NA PANDEMIA

19 de outubro de 2021

Alvíssaras ao Dia dos Médicos na segunda primavera na pandemia, momento em que, com olhar de espanto bom, começamos a ver as curvas de casos, de hospitalizações e da média móvel de mortes descendo consistentemente há mais de uma semana. O assunto nas conversas agora migra do medo, da angústia, das desconfianças e outras inquietudes para animados planos de reencontros, de retomadas e de afetos. Ficam minimizados os temores de novas variantes mais perigosas e de novas ondas para grande parte da sociedade, restando esse olhar vígil para nós, os profissionais da saúde e técnicos no assunto. Chega a ser curioso o comportamento aquiescente em relação ao uso das máscaras em ambientes fechados – naqueles indivíduos mais conscientes, pelo menos – como um atestado de confiança do que deu certo, e a alegria quase infantil com que estas são retiradas a céu aberto.

Semanas que se acompanham de boas perspectivas com o início de testes clínicos no Brasil, quer com infusão de soro produzido pelo Instituto Butantan para tratamento da Covid-19 em pacientes transplantados e imunossuprimidos, quer com um novo modelo de vacina de uso por *spray* nasal, também do Butantan, quer com antivirais de uso oral para prevenção da doença em contatos, como o molnupiravir, e de uso em doentes não graves tratados no domicílio, como o favipiravir, ambos em estudos multicêntricos internacionais com a participação de vários institutos no Brasil.

Reconhecido universalmente o fato de que a presente pandemia não será a última à qual faremos face, observamos também com confiança a criação pela Organização Mundial da Saúde de um grupo de *experts* para estudo das origens dos novos coronavírus e outros agentes capazes de causar epidemias. O grupo, que representa uma iniciativa sem precedentes – porque permanente – para melhor conhecer e deter patógenos de alto risco, objetiva investir no preparo preventivo, reduzindo riscos de escape de futuras epidemias zoonóticas para seres humanos.

No Brasil, é o momento de nos organizarmos em serviços multidisciplinares para suprir os milhares com sequelas da doença, nos seus diversos graus de gravidade, para um longo processo de reabilitação. O impacto da Covid-19 nas doenças crônicas, especialmente as cardiovasculares e em todos os tipos de câncer, bem como nas endêmicas, como a tuberculose, além do retrocesso nas taxas de vacinação em todas as idades, exigirá mais do que um esforço voluntarista de muitos de nós, a alertar a sociedade e pedir compromisso de todos para recuperar o tempo perdido. Serviços de referência, com equipes qualificadas de médicos de diversas especialidades, fisioterapeutas, fonoaudiólogos, psicólogos, nutricionistas, como os já iniciados em universidades como o Hospital das Clínicas da Faculdade de Medicina da Universidade de São Paulo (HC-FMUSP), ou o Hospital Universitário Pedro Ernesto (Hupe-Uerj), na cidade do Rio de Janeiro, terão que acompanhar parte de mais de 50% das pessoas que saem da doença com algum tipo de sequela, a precisar de reabilitação.

Sabemos que, no mundo, quase 5 milhões de pessoas morreram pela pandemia do Sars-CoV-2 – mais de 600 mil somente no Brasil. Precisamos, portanto, de processos sistemáticos que estudem esses patógenos emergentes e a relação entre o meio ambiente, o homem e os animais, de par com informação de qualidade e uma estratégia mais global e acessível a todos. Pedagógico é retornar, pela memória, ao tempo em que a teoria dos germes abriu diferentes avenidas de ataque às doenças transmissíveis e estimulou a busca de fármacos antimicrobianos e de vacinas capazes de imunizar a pessoa sadia contra a infecção, quebrando a cadeia de infecção e eliminando as doenças da sociedade.

Os novos (e velhos) desafios com os quais nos defrontamos falam menos sobre a teoria do conhecimento do que sobre as mudanças necessárias para um retorno à vida em coletividade sem medo e o futuro do planeta. Em nosso meio, nesta primavera que se faz de esperança, não deveria haver lugar para a cartografia do medo, onde há "mais muros do que estradas", nem para "quem tenha medo de que o medo acabe", como nos alerta com extrema sensibilidade o escritor Mia Couto.

80 / O FUTURO É BOM, O EMPATE É NOCIVO

26 de outubro de 2021

Ao longo da história, querelas e profícuos embates geraram registros seminais e debates filosóficos infinitos, quer motivados por questões relevantes, quer por anódinas disputas de vaidades humanas, como nas ágoras gregas, com seu método de aprendizado de massa – ou conflitos tragicômicos –, tendo como pano de fundo controvérsias, discussão e a eterna dualidade entre razão e paixão.

Entre tantos exemplos relevantes, citaria um: o Concílio de Niceia, o primeiro ecumênico, que, no ano 325, discutiu por meses e não resolveu o que parece ainda insolúvel, gerando uma espécie de empate nas discussões sobre o *Filioque*,[23] a assim denominada divindade do Espírito Santo. Debateu-se então se este seria filho do Pai, filho do Filho ou o próprio Deus, como diz a *Bíblia* (Atos 5:3-4), enquanto as Escrituras parecem dizer que o Espírito Santo deriva do Pai e do Filho, sem distinção.

Essa discussão continuou até o Concílio de Constantinopla, no ano 381, em um sínodo de 150 bispos que reiterou a divindade do Espírito Santo e definiu, assim, supostamente, as bases do dogma trinitário. Apesar disso, não se resolveu a questão e uma vez mais ela permaneceu em infinito empate de opiniões. Os que se opõem à causa argumentam que se o Espírito Santo descende do Pai e do Filho, isso o faria subserviente a ambos. Os que defendem a causa, acreditam que essa descendência em nada prejudica a divindade do Espírito Santo, porquanto derivar do Pai e do Filho lhe confere a divindade, por ser de fato Deus, como o Pai e o Filho.

23/ *Traduzido do latim, "e (do) Filho".*

Esse exemplo histórico e inacreditavelmente factual marcou por séculos a calorosa discussão no seio da Igreja Católica até o Grande Cisma, em 1054, entre as igrejas do Ocidente e do Oriente, separando a Apostólica Romana da Apostólica Ortodoxa. Ganha, assim, uma certa pacificação crer que Deus, como ser infinito por princípio, é incompreensível para nossas limitadas mentes humanas. O dogma do *Filioque* provavelmente nunca será esclarecido em consenso e permanecerá como uma sutil e perene controvérsia. É de se pensar no que é significante ou não para a nossa vida.

Tratando de algo contemporâneo aos nossos dias, é de nos deixar perplexos o que ocorreu recentemente em uma discussão em torno de questões técnicas sobre condutas para tratamento de casos de Covid-19 no âmbito da Conitec[24], órgão responsável pela aprovação de quaisquer procedimentos, métodos diagnósticos, medicamentos e vacinas a serem incorporados ao SUS como inovação.

Quando já começamos a respirar com certo alívio, vislumbrando a real possibilidade de controlar a pandemia e tendo alcançado um ritmo mais adequado de vacinação e uma factual redução de mortes e de casos graves, reitera-se o efeito benéfico das vacinas e das medidas de proteção. Este seria, portanto, o momento da busca de consensos, da compreensão com grandeza das diferenças de opinião em prol de uma causa maior: a pacificação pelo bem comum.

Sobre os mais de 600 mil mortos e o excesso de luto em todos os sentidos que marcam a sociedade brasileira, a comunidade científica sente-se afrontada por um desfecho não resolutivo por parte da Conitec para um protocolo de tratamento claramente ultrapassado e merecedor de controvérsia como a utilização de fármacos ineficazes e nocivos, denominados grotescamente de "kit Covid".

Cansados estamos, porém pouco se refletiu ainda sobre o impacto da velha máxima de que uma mentira, repetida à exaustão, vira verdade assimilada. No entanto, por tratar-se de um fenômeno que contaminou a sociedade e até parte dos médicos com uma lamentável manipulação política, será este o momento singular de conscien-

24/ *Referência ao impasse no seio da Conicet (Comissão Bacional de Incorporção de Tecnologias no Sistema Único de Saúde) diante da discussão sobre o uso do chamado "kit Covid" para tratamento de pacientes de Covid-19.*

tização da sociedade civil, com a imediata manifestação exigida pela consulta pública a que foi direcionada a desnecessária querela.

Esperamos que, dessa fusão entre o engajamento público e a comunidade científica, como o caminho mais democrático e sereno, seja possível vencer o reducionismo que distingue ciência e política e a cética encruzilhada entre o certo e o errado. Tenhamos confiança de que podemos controlar a pandemia entre nós pelos caminhos que a ciência e a verdade nos ensinaram.

81 / REPENSAR O HUMANO

2 de novembro de 2021

Na véspera do Dia de Todos os Santos e de Finados, vividos pela segunda vez neste período pandêmico, celebrou-se esse tal Dia das Bruxas ou *Halloween*, no mundo anglófono, costume adotado por estas terras tropicais emulando de forma lúdico-consumista hábitos culturais distantes de nós. Ainda não encontramos por aqui as simpáticas abóboras esculpidas com criatividade nas portas das casas, como se vê nas ruas dos Estados Unidos, até porque, no atual momento de empobrecimento entre nós, elas correriam o risco de rápida e justamente irem para as panelas. Não tenho conhecimento de que esse imaginário, travestido de maquiagens carregadas, chapéus de bruxa, aranhas e escorpiões decorando indumentárias, como já vemos em abundância divertindo os mais favorecidos, tenha contaminado os mais necessitados no Brasil.

Somos um belíssimo e complexo celeiro de sincretismos de toda ordem, em que se revelam manifestações fortes de credos e costumes. Aludindo a estes dias, penso em festejos que, entretanto, não vingaram por aqui, como a Santa Morte, ou *Santa Muerte*. Cultuada no México e entranhada naquela religiosidade popular, em particular entre os mais pobres, a *Santa* e seus festejos têm milhões de adeptos e crescente popularidade. Mesmo sendo o México um dos maiores países católicos do mundo e não sendo o culto reconhecido pela Igreja, a *Santa Muerte* é venerada e celebrada em cerimônias familiares nos primeiros dias de novembro, quando se oferecem fartas mesas de comidas aos mortos, todos representados na decoração, em porta-retratos ou estatuetas. Participar desse período em qualquer cidade mexicana é experiência inesquecível.

Sabemos que desde as sociedades arcaicas existiram crenças mitológicas de vida após a morte. Sabemos também o quanto a religião *lato sensu* pregou seriamente a preocupação com a morte e seus ritos. Contudo, nos tratados antigos, estes se dirigiam apenas aos que haviam morrido. Foi somente no início da Idade Média, já com a presença enérgica do pregador, que a morte cultuada como caminho para a vida eterna ultrapassou o culto do horripilante, da decomposição do corpo, de tudo que um dia fora a beleza humana. Esse foi o período em que a literatura religiosa começou a enveredar para a popular. Lembrando que, até o fim do século XVI, lápides eram ornadas com imagens tétricas e repugnantes de cadáveres nus e em putrefação, com bocas abertas e vermes nas entranhas. Levou mais dois séculos para que essa decoração funerária passasse a ser mais leve e até acolhedora, como se observa nas verdadeiras obras de arte que ornam os cemitérios católicos em geral.

Curioso mesmo é como o lúdico, entre nós, não se deixa morrer em meio a tanta tragédia, e neste momento, em que recomeçamos a encontrar amigos e familiares, retomamos as atividades escolares e de trabalho, nos contagiamos com a festa das bruxas evocando a contida alegria que marca uma boa parte de nossa cultura.

Neste cenário histórico e contemporâneo, como repensar o humano? O termo humanismo encerra tantos sentidos, mas exige uma compreensão mais ampla de suas origens, a princípio voltadas para aqueles que se dedicavam às humanidades durante o Renascimento, gerando um espírito de solidariedade entre pessoas de diferentes origens.

Em um debate do qual tive o prazer de participar sobre esse tema, entendi uma vez mais como o humanismo deve levar em conta, permanentemente, a complexidade humana, ela mesma composta de contradições e antagonismos internos, como nos ensina o filósofo Edgar Morin. Permanece até os nossos dias um grande vazio no centro desta questão: e o que é humano então? Essa condição humana que nem sequer é ensinada em nossas escolas ou universidades. Como reconhecê-la? Seríamos condenados a pesquisar suas bases antropológicas: o humano se define pelo indivíduo e não pela sociedade, tampouco pela espécie, ou, ao contrário, o humano se define pelas três origens, inseparavelmente.

Ao entendermos que entre os dois polos, o da razão e o da irracionalidade, existe afeto, como já demonstraram os estudiosos através de imagens do cérebro humano em circunstâncias diversas, fica claro que não há a chamada razão pura: quando centros de atividade racional estão ativados, os da afetividade o estão igualmente. Vivemos um bom momento para repensar o *Homo sapiens* e o seu lugar no mundo.

POSFÁCIO

Cuidar das pessoas é um dom

J.J.Camargo

As grandes tragédias têm um efeito catalisador na alma das pessoas, revelando-as, para o bem ou para o mal. Quando repetimos que depois desta experiência aterradora da pandemia do coronavírus nunca mais seremos os mesmos, estamos falando disso, do quanto nos modificamos no exercício urgente de adaptação às novas circunstâncias, único caminho de sobrevivência. O que não era previsível – uma vez que as reações individuais também não o são – era o produto final dessa transformação.

Agora, ao fim deste segundo ano de crise sanitária, em que já há uma brisa de esperança no ar, podemos anunciar que a visão retrospectiva deste tempo desnudará comportamentos que enaltecerão alguns, sempre menos frequentes do que gostaríamos, e envergonharão outros. Uma análise atenta identificará três grupos de pessoas: as que podiam ajudar, as que precisavam de ajuda e um pelotão que não se enquadrava em nenhum dos dois grupos, porque era de sua índole atrapalhar.

Margareth Dalcolmo, essa capixaba que ainda criança adotou o Rio de Janeiro como morada, nunca teve dúvidas a que grupo pertencer. Com uma formação médica qualificada e equipada com grande sensibilidade e humanismo, foi identificada na primeira hora como uma aliada imprescindível nessa batalha e se incorporou ao grupo de apoio ao Ministério da Saúde, uma ótima iniciativa adotada no início da pandemia pela gestão de Luiz Henrique Mandetta, mas que durou pouco.

Incompatibilizada com a nova política ministerial, mas determinada a ajudar, transferiu o foco e a estratégia para a esfera estadual, onde novas frustrações estavam a caminho, espantando os bem-intencionados. Muito determinada, mesmo batendo em portas fechadas, lançou mão de seu talento de comunicadora nata para enfrentar a pobreza de espírito, a ignorância e o negacionismo, dedicada a esclarecer, orientar e servir, mantendo-se impávida na sua condição de cidadã e consciente da sua inadiável responsabilidade como médica.

Convidada a escrever uma coluna semanal no jornal *O Globo*, apresentava um texto elegante, erudito sem afetação, abordando temas técnicos com a simplicidade e a didática que identificam as grandes professoras. Os milhares de leitores passaram a aguardar as terças-feiras com a ansiedade e a avidez de quem identificou nessa leitura uma fonte segura de informação, alerta, consolo e esperança. Com a humildade que define as pessoas bem resolvidas, ela própria avaliou: "O reconhecimento da ciência brasileira por parte da sociedade civil foi um dos saldos positivos da pandemia."

Os inúmeros prêmios que se seguiram foram apenas consequência de seu desempenho e da receptividade do público. E agora uma revelação: quando recebeu a comenda Personalidade do Ano no Prêmio Faz Diferença 2020, ela pode não ter percebido, mas nós, seus muitos amigos, estávamos, de alguma maneira, em um cantinho daquela plateia. E, orgulhosos, prometemos, em silêncio constrito, que quando estes tempos medonhos de distanciamento social acabarem, haveremos de compensar a escassez de afeto com uma enxurrada de abraços aliviados.

Gratificado pela honra de escrever o posfácio deste livro, dei-me conta de que, tendo sido testemunha da trajetória médica de Margareth Dalcolmo, sou antes de tudo um privilegiado conviva de um atributo raro de sua personalidade: o dom da cuidadora, essa figura que todos buscamos no médico e na médica quando adoecemos e precisamos, desesperadamente, de alguém que, antes de enxergar a doença, seja capaz de dimensionar o sofrimento de quem adoeceu.

Desde o primeiro caso de Covid-19 que compartilhamos, encantou-me que ela soubesse a história de cada um dos familiares envolvidos e de como poderiam, cada um, contribuir para o bem-estar do nosso paciente. Esse jeito de ser médica o tempo todo, e durante essas décadas de dedicação integral, me renova a certeza de que a diplomacia, seu sonho de adolescência, pode ter perdido um grande talento, mas a medicina brasileira, agradecida, nunca se cansará de festejar a sorte que teve.

José de Jesus Camargo *é médico cirurgião, escritor e membro titular da Academia Nacional de Medicina.*

Este livro foi editado pela Bazar do Tempo na cidade de São Sebastião
do Rio de Janeiro, na primavera de 2021, e impresso com papel
pólen bold 90g /m², na gráfica Vozes. Foram usados os tipos
Adobe Garamond e Gobold.

1ª reimpressão, janeiro 2022